U0255919

高等职业教育制冷与空调技术专业系列教材

制冷空调安装工程计价

主　编　李建华

副主编　樊　磊　段守和

参　编　玄　丽　魏　珂　张洪臣　冯丽丽

　　　　刘鹏炜　赵　虎　申朋宇

主　审　王振辉

机械工业出版社

本书共分六章,在介绍基本建设、安装工程定额等基本概念和基础内容后,详细介绍了安装工程定额计价、工程量清单计价的基本原理和编制方法,重点介绍了通风空调安装工程、制冷安装工程造价的编制,并分别以定额计价模式、工程量清单计价模式编制出通风空调安装工程造价和制冷安装工程造价实例,还简要介绍了安装工程造价计价软件的应用。

本书以加强实用性和动手能力的培养为指导思想,采用了最新的定额和国家标准、规范,可作为高职高专制冷与空调专业、制冷与冷藏技术专业等"安装工程计价(预算)"课程的专业教材,也可作为其他院校相关专业的教学用书和制冷空调专业工程技术人员、造价编制人员的参考用书。

本书配有电子课件,凡使用本书作为教材的教师可登录机械工业出版社教材服务网 www.cmpedu.com 下载。咨询邮箱: cmpgaozhi@ sina. com。咨询电话:010-88379375。

图书在版编目(CIP)数据

制冷空调安装工程计价/李建华主编.—北京:机械工业出版社,2012.8
(2025.1重印)
高等职业教育制冷与空调技术专业系列教材
ISBN 978-7-111-39461-7

Ⅰ.①制… Ⅱ.①李… Ⅲ.①制冷装置-空气调节器-设备安装-工程造价-高等职业教育-教材 Ⅳ.①TB657.2

中国版本图书馆 CIP 数据核字(2012)第 186701 号

机械工业出版社(北京市百万庄大街22号 邮政编码100037)
策划编辑:张双国 责任编辑:刘良超 张双国
版式设计:霍永明 责任校对:张 征
封面设计:马精明 责任印制:单爱军
北京虎彩文化传播有限公司印刷
2025 年 1 月第 1 版第 7 次印刷
184mm×260mm・12.5 印张・1 插页・307 千字
标准书号:ISBN 978-7-111-39461-7
定价:39.80 元

电话服务 网络服务
客服电话:010-88361066 机 工 官 网:www.cmpbook.com
010-88379833 机 工 官 博:weibo.com/cmp1952
010-68326294 金 书 网:www.golden-book.com
封底无防伪标均为盗版 机工教育服务网:www.cmpedu.com

前　　言

工程造价的确定是我国现代化建设中一项重要的基础性工作，是规范建设市场秩序、提高投资效益的关键环节，具有很强的政策性、技术性和经济性。

在制冷空调工程项目建设过程中，认真做好制冷空调安装工程造价的计价工作，是合理筹措、节约和控制工程投资，提高项目投资效益的重要手段和必然选择。做好这项工作，不仅需要专业工程造价人员的参与，还需要广大从事制冷空调工程规划、设计、施工与管理的工程技术人员的参与。然而，目前在从事制冷空调工程规划、设计、施工与管理的专业人员中，熟悉工程造价工作的人员还较少，还不能满足制冷空调工程建设项目发展对这方面人才的需求。

从目前大专院校毕业生就业情况来看，用人单位普遍欢迎一专多能的复合型人才，社会上迫切需要具备一定经济管理知识的专业技术人才。通过多年的教学及工程实践，编者也深感从事制冷空调专业技术设计、施工与管理的人员，学习、掌握一些工程造价计价知识和相关技术经济方面的知识是很有必要的。

为了解决适合制冷空调专业使用的安装工程造价计价教材的问题，编者于 2004 年编写出版了高职高专规划教材《制冷空调安装工程预算》，填补了当时高职高专专业教材的一项空白。鉴于国内建设工程造价计价方法在当时的具体情况，《制冷空调安装工程预算》主要讲述了当时国内采用的计价方法——定额计价。随着国内建设工程造价体制改革的逐步深入，原建设部于 2003 年发布了《建设工程工程量清单计价规范》（GB 50500—2003），提出了建设工程造价的另一种计价方法——工程量清单计价。自此，国内建设工程造价计价出现了"定额计价"和"工程量清单计价"两种模式。2008 年，住房和城乡建设部颁布了修订后的《建设工程工程量清单计价规范》（GB 50500—2008），加快了国内建设工程造价从传统的定额计价模式逐步向国际上通行的工程量清单计价模式的转变。为了适应工程造价计价方式的变化，根据 2010 年 5 月在北京召开的全国高职高专制冷与空调专业"十二五"规划教材研讨会会议精神，我们编写了这本《制冷空调安装工程计价》，作为高职高专制冷与空调专业、制冷与冷藏技术专业"安装工程计价"课程的专业教材。

本书由河北农业大学海洋学院李建华任主编并负责统稿，由河北科技大学王振辉教授主审。本书的编写人员有河北农业大学海洋学院李建华、段守和、张洪臣、魏珂，河南应用技术职业学院樊磊，山东商业职业技术学院玄丽，秦皇岛北辰制冷有限公司冯丽丽，保定欣达制冷空调工程有限公司刘鹏炜、赵虎，保定电力职业技术学院申朋宇。

在编写本书的过程中，参阅了大量的文献资料，并引用了其中的部分资料，得到了河北农业大学海洋学院、机械工业出版社领导的大力支持与帮助，河北农业大学海洋学院毕业生刘淑珍、秦铁阳等为本书提供了相关资料。在此，谨向这些文献的作者及有关单位和个人表示感谢。

由于作者业务水平有限，加之涉及内容更新速度较快，选材与撰写上难免出现疏漏之处，恳请广大读者和专家将发现的问题和建议及时反馈给编者，以使本书不断完善。

编 者

目　录

第一章 概 述

第一节 基 本 建 设

安装工程属于基本建设范畴,为了做好安装工程计价,首先应该了解基本建设的有关知识。

一、基本建设的概念

基本建设是指国民经济各部门中固定资产的再生产,也指为固定资产再生产而进行的投资活动。具体地讲,就是建造、购置和安装固定资产的活动以及与之相联系的工作等。例如,建设一个学校就是基本建设,包括筹建机构、土地征用、勘察设计、教学楼与实验楼的建造、教学实验仪器设备的购置和安装、培训职工等工作。

二、基本建设的组成

基本建设的内容包括:建筑工程,安装工程,设备、工器具及生产用具的购置,勘察设计和其他基本建设工作。

(1)建筑工程 建筑工程指永久性和临时性的建筑物、构筑物的土建工程,采暖、给排水、通风、照明工程,动力、电信管线的敷设工程,道路、桥涵的建设工程,农田水利工程,以及基础的建造、场地平整、清理和绿化工程等。

(2)安装工程 安装工程是指生产、动力、电信、起重、运输、医疗、试验等设备的装配工程和安装工程,以及附属于被安装设备的管线敷设、保温、防腐、试车运转、调试等工作。

(3)设备、工器具及生产用具的购置 指车站、宾馆、医院、学校、实验室、车间等生产、工作、学习所应配备的各种设备、工具、器具、家具及实验设备的购置。

(4)勘察设计和其他基本建设工作 为进行建筑、安装而进行的勘查、设计工作和其他的基本建设工作。

三、基本建设的分类

基本建设的分类方法比较多,根据国家的统一规定,基本建设可分为如图1-1所示的几类。

四、基本建设工程项目的划分

基本建设工程项目一般可逐级分为建设项目、单项工程、单位工程、分部工程和分项工程。

(1)建设项目 建设项目是基本建设项目的简称。它指在一个总体设计或初步设计范围

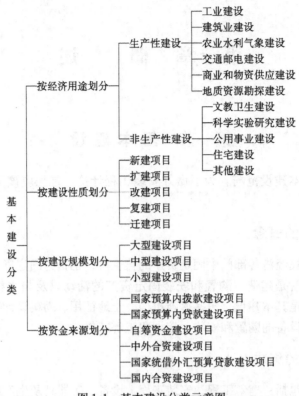

图 1-1　基本建设分类示意图

内，由一个或几个单项工程所组成的，行政上具有独立的组织形式、经济上实行独立核算，有法人资格，而且与其他经济实体建立经济往来关系的建设工程实体。一般是指一个企业或一个事业单位的建设来说的。它具有单件性的特点，确定的投资额、工期、资源需求和空间要求（包括土地、体积、高度、长度等）、质量要求。例如，在某地、某一时间、投入一定的资金按设计建造一座具有一定生产能力的工厂，即可称为一个建设项目。一个建设项目可能只有一个单项工程，也可能由数个单项工程组成。

（2）单项工程　单项工程是指具有独立的设计文件（图样和相应的概预算书），建成后可以独立发挥生产能力或使用效益的工程。单项工程是建设项目的组成部分。例如，工业建设项目某市化工厂中的制盐车间，建成后就可以生产产品，独立发挥生产能力，因此制盐车间是组成建设项目某市化工厂的一个单项工程。

单项工程是一个具有独立存在意义的完整工程，也是一个很复杂的综合体，它是由许多单位工程组成的。

（3）单位工程　单位工程是单项工程的组成部分，一般指具有独立的设计文件和独立的施工条件，但建成后不能独立发挥生产能力和使用效益的工程。例如，教学楼内的给排水工程、采暖工程、电气照明工程等都是单位工程。

需要明确说明的是，任何一个单项工程都是由若干个不同专业的单位工程组成的。这些专业单位工程可归纳为"设备安装工程"和"建筑工程"两大类。一个工业厂房只完成建筑工程类单位工程施工而不完成设备安装类单位工程施工，是不能投产发挥生产能力的。一个民用建筑单项工程，只完成土木建筑单位工程而不完成给排水、电气等单位工程，也是不能发挥使用作用的。

建筑安装工程计价是以单位工程为基本单元进行编制的。

（4）分部工程　分部工程是指在单位工程中，按照不同结构、不同工种、不同材料和机械设备而划分的工程。例如，在给排水单位工程中，又分为管道安装、卫生器具的制造安装、阀门、水位标尺安装、小型容器的制造安装等分部工程；在通风空调单位工程中，又分为风口的制作安装、调节阀的制作安装、薄钢板通风管道的制作安装、通风空调设备的安装、净化通风管道及部件制作安装等分部工程。分部工程是单位工程的组成部分。

由于每一分部工程中影响工料消耗大小的因素仍然很多，所以，为了计算工程造价和工料耗用量的方便，还需把分部工程按照不同的施工方法、不同的材料、不同的规格进一步划分，分解为分项工程。

（5）分项工程　分项工程是分部工程的组成部分，是指通过较为简单的施工过程就可以完成并且可以采用适当计量单位计算的建筑或设备安装工程。例如，给排水管道安装分部工程，又可分为室内管道、室外管道、焊接钢管及铸铁管的安装，焊接管的螺纹联接及其焊接，法兰安装、管道消毒冲洗等分项工程；照明器具分部工程又可分为荧光灯具的安装、普通灯具的安装、工厂用灯及防水防尘灯的安装以及电铃风扇的安装等分项工程。

综上所述，一个建设项目是由一个或几个单项工程组成的，一个单项工程是由几个单位工程组成的，一个单位工程又可划分为若干个分部工程，一个分部工程还可划分为若干个分项工程。建设工程造价的形成就是从分项工程开始的。

五、基本建设程序

基本建设程序是指基本建设全过程中，各项工作必须遵循的各环节、各步骤之间客观存在的先后顺序，它是由基本建设本身的特点和客观规律决定的。基本建设工作必须按照符合客观规律要求的一定顺序进行，正确处理从制定建设规划、确定建设项目、勘察、定点、设计、建筑、安装、试车直到竣工验收交付使用等各个阶段、各个环节之间的关系，以达到提高投资效益的目的。

一个建设项目从计划建设到建成投产，一般要经过决策立项、工程设计、工程施工和竣工验收四个阶段。

（1）决策立项阶段　主要包括提出项目建议书、进行可行性研究、组织评估决策等工作环节。

项目建议书是主管部门根据国民经济中长期计划和行业、地区发展规划提出的要求建设某一具体项目的建设性文件，是基本建设程序中最初阶段的工作，是投资决策前对拟建项目的轮廓设想，主要从宏观上来考察项目建设的必要性。项目建议书是国家选择建设项目的依据，项目建议书批准后即可立项，进行可行性研究。

可行性研究是根据国民经济发展规划及项目建议书，运用多种研究成果，对建设项目投资决策进行的技术经济论证。通过可行性研究，观察项目在技术上的先进性和适用性、经济上的合理性、建设的可能性和可行性等。

（2）工程设计阶段　设计文件一般由建设单位或主管部门委托有相应资质的设计单位编制。一般建设项目按初步设计和施工图设计两个阶段进行。重大建设项目按初步设计、技术设计和施工图设计三个阶段进行。对某些技术较复杂的建设项目，可把初步设计的内容适当加深，即扩大初步设计。

1）初步设计。初步设计是一项带有规划性质的轮廓设计，内容包括建设规模、规划方案、主要建筑物和构筑物、劳动定员和建设工期等。

在初步设计阶段，应编制设计概算。初步设计批准后，设计概算即为工程投资的最高限额，未经批准不得随意突破。

2）技术设计。技术设计是初步设计的深化，内容包括进一步确定初步设计所采用的产品方案和工艺流程，校正初步设计中设备的选择和建筑物的设计方案以及其他重大技术问题。

在技术设计阶段，还应编制修正的设计概算。一般修正的设计概算不得超过初步设计的概算。

3）施工图设计。施工图设计是初步设计和技术设计的具体化，内容包括具体确定各种型号、规格、设备的施工图；完整表现建筑物外形、内部空间分割、结构体系及建筑群组成和周围环境配合的施工图；各种运输、通信、管道系统和建筑设备的施工图等。

在施工图设计阶段，还应根据施工图编制施工图预算。施工图预算必须低于设计概算。

（3）工程施工阶段　主要包括施工准备、组织施工等工作环节。

按照设计文件的规定，确定实施方案，将建设项目的设计变成可进行生活和生产活动的建筑物、构筑物等固定资产。施工阶段一般包括土建、给排水、采暖通风、电气照明、动力配电、工业管道以及设备安装等工程项目。为确保工程质量，施工必须严格按照施工图样、施工验收规范等的要求进行，按照合理的施工顺序组织施工。

（4）竣工验收阶段　竣工验收是工程建设的最后一个阶段，是全面考核项目建设成果、检验设计和工程质量的重要步骤。竣工项目经验收合格后，办理竣工手续，由基本建设阶段转入生产阶段，交付使用。竣工验收的程序一般分为以下两个阶段：

1）单项工程验收。一个单项工程施工完毕，由建设单位组织验收。

2）全部验收。在整个项目全部工程建成后，根据国家有关规定，按工程的不同情况，由负责验收的单位组织建设单位、施工单位、设计单位、监理单位以及建设银行、环保部门和其他有关部门共同组成的验收委员会进行验收。

第二节　基本建设定额

一、定额的基本概念

定额即标准。在建筑安装施工过程中，为了完成每一单位产品的施工过程，就必须消耗一定数量的人力、物力（材料、工机具）和资金，但这些资源的消耗是随着生产要素及生产条件的变化而变化的。定额是在正常的施工生产条件下，完成单位合格产品所必需的人工、材料、施工机械设备及其资金消耗的数量标准。不同的产品有不同的质量要求，因此，不能把定额看成是单纯的数量关系，而应看成是质和量的统一体。考察个别的生产因素不能形成定额，只有从总体考虑生产过程中的各生产因素，归结出社会平均的数量标准，才能形成定额。定额可反映一定时期的社会生产力水平。

需要注意的是，定额是预先规定的消耗指标，不是已经达到的生产力水平。例如，两个工人一天完成了 20m 长 DN25 管道的安装任务，不能说产量定额是 20m/2 工日 = 10m/工日，因为这只是工人已经达到的实际的消耗水平。

二、定额的特性

（1）定额的科学性 定额作为一项重要的技术经济法规必须是科学的。定额应在认真研究客观规律的基础上，自觉地遵守客观规律的要求，实事求是地制定。它必须符合我国施工企业实际的技术水平、管理水平和机械化水平，必须符合我国施工企业的施工工艺、施工方法和施工条件。

（2）定额的法规性 定额是由国家或其授权机关统一组织编制和颁发的一种法令性指标，各地区、各部门都必须认真贯彻执行，不得各行其是。例如，现行的《全国统一安装工程预算定额》是由建设部组织修订并颁发的。各地区、各基本建设部门、各施工安装企业，都必须按照该定额的规定编制单位估价表和施工图预算。除预算定额中规定有条件的进行换算项目外，各地区、企业都不得强调自己的特点而对预算定额进行修改、换算。

（3）定额的先进性 定额的先进性可从两方面表达。

1）定额项目的确定体现了已成熟推广的新技术、新结构、新工艺、新材料。

2）定额规定的人工、材料及机械台班消耗量为正常的施工条件下大多数企业、班组、生产者能够达到的水平，这样可以促进企业改善经营管理，改进施工方法，提高劳动效率，降低原材料和施工机械台班消耗量，取得较好的经济效果。

（4）定额的相对稳定性 定额只能反映一定时期内的生产技术水平、机械化和工厂化的程度、新材料和新技术的采用情况。定额经制订执行，并在实践中检验其准确程度。同时，随着国民经济的不断发展，科学技术的不断进步，先进技术和新材料、新工艺的普遍采用，原有定额水平将不再适应，必须修改或重新制定、补充符合新水平的定额，从而使定额达到反映一定时期社会生产力水平的目的。但生产力的变化是一个由量变到质变的过程，定额应有一个相对稳定的执行期间。例如，我国各省、市的建筑工程定额一般使用 5 年左右。

（5）定额的群众性 定额来自于群众，又贯彻于群众。定额水平的高低主要取决于工人群众的生产能力和技术水平。定额水平的确定必须符合从实际出发、技术先进、经济合理的要求，必须兼顾国家、企业和个人三者的利益。

（6）定额的灵活性 定额规定对某些施工中变化多、影响定价较大的重要因素，可根据设计和施工的具体情况进行换算，使定额在统一的原则下具有一定的灵活性。

（7）定额的针对性 一种产品一项定额，一般情况下不能互相套用。一项定额不仅是产品的资源消耗的数量标准，而且包括完成产品的工作内容、质量标准和安全要求的规定。

三、定额的分类

定额的种类很多，通常的分类方法有以下几种。

（1）按定额的基本因素分类 按定额的基本因素可分为劳动定额、材料消耗定额和机械台班使用定额。

1）劳动定额又称为人工定额，表示在正常施工条件下劳动生产率的合理指标，也可解释为在合理的劳动组织条件下，完成一定量的合格产品（工程实体或劳务），所规定的劳务消耗的数量标准。

2）材料消耗定额是指在合理与节约使用材料的条件下，安装合格的单位工程所需消耗材料的数量标准。

3）机械台班使用定额是在先进合理地组织施工的条件下，由具有熟练技术、熟悉机械设备性能的操作者管理和操作设备时，机械在单位时间内所应达到的生产率。

（2）按定额的编制部门和使用范围分类　按定额的编制部门和使用范围可分为全国统一定额、专业部委定额、地方定额、企业定额和临时定额等多种。

1）全国统一定额。全国统一定额是由国家主管部门组织制定颁发的定额，它不分地区、行业，全国适用。例如，《全国统一安装工程预算定额》、《全国统一市政工程预算定额》就是全国统一定额。

2）专业部委定额。专业部委定额是由国家各部委根据其专业性质不同的特点，参照全国统一定额的制定水平，编制出适合于本部门工程技术特点的定额，在其专业范围内全国通用。例如，交通部的《公路工程预算定额》。铁路、石油、煤炭、水利水电等部门也有各自的预算定额。该类定额的突出特点是专业性强，仅适用于本部门及其他部门相同专业性质的工程建设项目。

3）地方定额。地方定额是在国家统一指导下，由各省、市、自治区、直辖市根据本地区特点组织编制的定额。例如，《全国统一安装工程预算定额河北省消耗量定额》就是由河北省建设厅在国家统一定额耗量的基础上结合本地区的特点编制的。地方定额只在本地区使用。

4）企业定额。企业定额是企业内部自行编制、只在本企业范围内使用的定额。它是根据统一劳动定额，结合本企业的技术装备状况、管理水平、施工工艺等具体情况进行编制的，是统一劳动定额在本企业的补充和修正。

5）临时定额。临时定额是指现行定额中没有的、为了适应组织施工和编制工程预算的要求而由施工企业临时制定的一次性定额，需报主管部门审定批准。

（3）按定额的用途分类　按定额的用途可分为施工定额、预算定额、概算定额和概算指标。

1）施工定额。施工定额是用来组织施工的定额，以同一性质的施工过程来规定完成单位安装工程耗用的人工、材料、机械台班的数量。它是劳动定额、材料消耗定额、机械台班使用定额的总和。

2）预算定额。预算定额是编制施工图预算的依据，是确定一定计量单位的分项工程的人工、材料和机械台班消耗量的标准。预算定额以各分项工程为对象，在施工定额的基础上，综合人工、材料、机械台班等各种因素，合理取定人工、材料、机械台班的消耗数量，并结合材料、人工、机械台班的预算单价，得出各分项工程的预算价格——定额基本价格（基价）。预算定额属于计价性的定额。

3）概算定额。概算定额以主体结构分部工程为主，综合、扩大、合并与其相关部分，使其达到项目少、内容全、简化计算、准确适用的目的。它是设计单位编制初步设计、扩大初步设计概算时，计算拟建项目概算造价、计算劳动力、材料、机械台班需要量所使用的定额。

4）概算指标。概算指标的作用、内容与概算定额基本相似，但项目划分较粗，它是在概算定额基础上的进一步综合与扩大。概算指标编制内容、各项指标的取定以及形式等，国家无统一规定，由各部门结合本行业工程建设的特点和需要自行制定。概算指标是项目建议书和可行性研究报告编制阶段用以投资估算所使用的定额。

（4）按照工程专业分类　按照工程专业分类可分为：

1）建筑工程定额，主要是指土建工程定额。

2）安装工程定额，指全国统一安装工程预算定额中所包含的全部内容。

3）市政工程定额，指市政建设工程定额。

4）装饰装修工程定额。

（5）按照定额的表现形式分类　按照定额的表现形式可分为工料消耗定额、单价表和费用定额。

1）工料消耗定额。在定额中只表示人工、材料、施工机械的消耗数量，如施工定额、劳动定额和一部分预算定额。

2）单价表，以单位估价表、消耗量定额等形式表示。单位估价表、消耗量定额都是根据工料消耗定额分别乘以地区相应的预算价格后，计算出每个分部、分项工程的人工费、材料费、施工机械台班费和基价。

3）费用定额。费用定额又称取费标准，是指以相对数（百分比）形式表示的定额，如管理费、利润、税金等定额。

四、定额的作用

定额是企业实行科学管理的必要条件，没有定额就谈不上企业的科学管理。定额的主要作用有：

1）定额是编制计划的基础。无论国家还是企业的计划，都直接或间接地以各种定额作为计算人力、物力、财力等各种资源需要量的依据。

2）定额是确定产品成本的依据，是比较设计方案经济合理性的尺度。任何合格产品在生产中所消耗的劳动力、材料以及机械设备台班的数量，都是构成产品价值的决定性因素，而它们的消耗量又是根据定额确定的，因此，定额是确定产品成本的依据。同时，同一产品采用不同的设计方案，它们的经济效果是不一样的，需要对方案进行经济技术比较、选择合理的方案时，定额就是比较和评价设计方案是否经济合理的尺度。

3）定额是加强企业管理的重要工具。定额是一种法定标准，因此，要求每一个执行定额的人都必须严格遵守定额的要求，并在生产过程中进行监督，使之不超过定额规定的标准，从而达到提高劳动生产率、降低成本的目的。同时，企业在计算和平衡资源需要量、组织材料供应、编制施工进度计划和作业计划、组织劳动力、签发任务书、考核工料消耗、实行承包责任制等一系列管理工作时，都需要以定额作为计算标准。

4）定额是总结先进生产方法的手段。定额是在先进合理的条件下，通过对生产过程的观察、实测、分析、研究、综合后确定的。它可以准确地反映出生产技术和劳动组织的先进合理程度。因此，可以用定额标定的方法为手段，对同一产品在同一操作条件下的不同的生产方法进行观察、分析和研究，总结比较完善的生产方法，再经过试验，在生产中进行推广运用。

5）定额是贯彻按劳分配原则的尺度。由于工时消耗定额具体落实到每个劳动者身上，因此，可用定额来对劳动者完成的工作进行考核，来确定其所完成的劳动量的多少，并以此来决定应支付的劳动报酬。

可以看出，合理制定定额，认真执行定额，在基本建设、改善企业管理中都具有重要的作用和意义。

第三节 建设工程造价

一、工程造价的概念

工程造价是指进行一个工程项目的建造所需要花费的全部费用，即从工程项目确定建设意向直至建成、竣工验收为止的整个建设期间所支出的总费用。

工程造价主要由工程费用和工程其他费用组成。工程费用包括建筑工程费用、安装工程费用和设备及工器具购置费用；工程其他费用包括建设单位管理费、土地使用费、研究试验费、勘察设计费、供配电贴费、生产准备费、引进技术和进口设备其他费、施工机构迁移费、联合试运转费、预备费、财务费用及固定资产投资的其他税费等。

二、工程造价的特点

工程造价的特点主要有单件性计价、多次性计价和按工程构成的分部组合计价。

（1）单件性计价 由于建筑产品具有多样性，因此不能规定统一的造价，只能就各个项目（建设项目或单项工程）通过特殊的程序（编制估算、概算、预算、合同价、结算价及决算价等）计算工程造价。

（2）多次性计价 建设工程的生产过程是一个周期长、数量大的生产消费过程。为了适应工程建设过程中各方经济关系的建立，适应项目管理，适应工程造价控制与管理的要求，需要按照设计和建设阶段多次性计价。

（3）按工程构成的分部组合计价 一个建设项目的总造价由各个单项工程造价组成，各个单项工程造价由各个单位工程造价组成。各单位工程造价是按分部工程、分项工程和相应定额及费用标准进行计算得出的。可以看出，为确定一个建设项目的总造价，应首先计算各单位工程造价，再计算各单项工程造价，然后汇总成该建设项目的总造价。

三、工程造价的多次性计价

如上所述，多次性计价是工程造价的主要特点。建设工程造价是一个以建设工程为主体，由一系列不同用途、不同层次的各类价格所组成的建设工程造价体系，包括建设项目投资估算、设计概算、施工图预算、招投标价格、工程结算和竣工决（结）算等。

（1）投资估算 在编制项目建议书、进行可行性研究的决策立项阶段，按规定的投资估算指标、类似工程的造价资料、现行的设备材料价格并结合工程实际情况进行投资估算。投资估算是可行性研究报告的重要组成部分，是判断项目可行性和进行项目决策的重要依据之一。经批准的投资估算是工程造价的目标限额，是以后编制概预算的基础。

（2）设计概算 在初步设计阶段，设计单位要根据初步设计的总体布置、工程项目、各单项工程的主要结构和设备清单，采用有关概算定额编制建设项目的总概算。设计概算是初步设计文件的重要组成部分。经批准的设计概算是确定建设项目总造价、编制固定资产投资计划等的依据，也是控制建设项目贷款和施工图预算以及考核工程成本的依据。

（3）施工图预算 施工图预算也称为设计预算。在施工图设计完成以后，根据施工图设计确定的工程量，套用有关预算定额单价、间接费取费率和计划利润率以及税率标准等编制施工图预算。施工图预算是施工图设计文件的重要组成部分。经审批后的施工图预算是签订建筑安装工程承包合同、办理建筑安装工程价款结算的依据。对于实行招标的工程，施工图预算是确定标底的基础。

（4）招投标价格 招投标价格是指在工程招投标环节，根据工程预算价格和市场竞争情况等，通过编制相关价格文件对招标工程预先测算和确定招标标底、投标报价和承包合同价的过程。

（5）工程结算 工程结算是指在工程施工阶段，根据工程进度、工程变更与索赔等情况，通过编制工程结算书对已完工程价格进行计算的过程。计算出来的价格称为工程结算价。工程结算价是该结算工程部分的实际价格，是支付工程款项的凭据。

（6）竣工决（结）算 工程项目竣工交付使用时，建设单位需编制竣工决算。计算出来的价格称为竣工决算价格。竣工决算价格是完成一个建设工程实际花费的费用，是该建设工程的实际造价。

综上所述，从投资估算、设计概算、施工图预算到招标投标合同价，再到各项工程的结算和最后的决算，整个计价过程是一个由粗到细、由浅到深、经过多次计价最后达到工程实际造价的过程，计价过程各环节之间相互衔接，前者制约后者，后者补充前者。

建设工程造价与工程建设各阶段的关系可用图 1-2 表示。

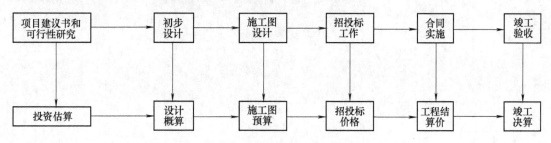

图 1-2　建设工程造价进程

四、工程造价计价的基本方法

工程造价计价的形式、方法有多种，但计价的基本过程和原理是相同的。从工程费用计算角度分析，工程造价计价的顺序是：分部分项工程单价→单位工程造价→单项工程造价→建设项目造价。影响工程造价的主要因素有两个，即基本构造要素的单位价格和基本构造要素的实物工程数量，用基本计算式表达为：

工程造价 = $\sum$（工程实物量 × 单位价格）

基本子项的工程实物量可以通过工程量计算规则和设计图样计算得出，它可以直接反映工程项目的规格和内容。

对基本子项的单位价格分析有直接费单价和综合单价两种形式。

直接费单价：如果分部、分项工程单位价格仅仅考虑人工、材料、机械资源要素的消耗量和价格形成，即单位价格 = $\sum$（分部分项工程的资源要素消耗量 × 资源要素的价格），则该单位价格是直接费单价。

综合单价：如果在单位价格中还考虑直接费以外的其他一切费用，则构成的是综合单价。

不同的单价形式形成不同的工程造价计价方法。

（1）直接费单价——定额计价方法 直接费单价只包括人工费、材料费和机械台班使用费，它是分部分项工程的不完全价格。计价时，首先计算工程量，然后查定额单价（基价），与相对应的分项工程量相乘，得出各分项工程的人工费、材料费、机械费；再将各分项工程的上述费用相加，得出分部分项工程的直接费。在此基础上再计算其他直接费、现场经费、间接费、利润和税金。将直接费与上述费用相加，即可得出单位工程造价（价格）。

（2）综合单价——工程量清单计价方法 综合单价法指分部分项工程量的单价既包括分部分项工程直接费、其他直接费、现场经费、间接费、利润和税金，也包括合同约定的所有工料价格变化风险等一切费用，是一种完全价格形式。工程量清单计价法是一种国际上通行的计价方式，所采用的就是分部分项工程的完全单价。我国规定综合单价是由分部分项工程的直接费、其他直接费、现场经费、间接费、利润等组成，而直接费是以人工、材料、机械的消耗量及相应价格确定的。

综合单价的产生是使用工程量清单计价方法的关键。投标报价中使用的综合单价应由企业编制的企业定额产生。

第二章 安装工程造价定额计价

第一节 预算定额的编制

预算定额是经济规律的客观要求，是国家对基本建设过程实行科学管理和有效监督的重要工具之一，具有法令性的特点，一经批准颁发，各地区和有关部门必须严格遵照执行。预算定额的编制是一项政策性、技术性很强的技术经济工作，必须严肃认真、细致、慎重地进行。

一、预算定额的概念

预算定额是以分部分项工程为对象，规定其需要消耗的人工、材料和机械台班的数量标准，由国家主管部门或其授权机关组织编制、审批并颁发执行的。在现阶段，预算定额是一种法令性指标，是对基本建设实行计划管理和有效监督的重要工具。为了保证全国的工程有一个统一的核算尺度，便于国家对各地区、各部门的工程设计、经济效果与施工管理水平进行统一的比较与核算，各地区、各基本建设部门都必须严格执行。

二、预算定额的编制原则

（1）必须全面贯彻国家的有关方针、政策　预算定额的编制工作实质上是一种立法工作。预算定额影响面大，直接关系到国家、集体和个人三方面利益均衡的问题，关系到社会主义按劳分配原则的落实。因此，在编制定额时，必须全面贯彻执行党和国家的各项方针政策。

（2）定额水平应为社会平均水平　预算定额作为有计划地确定安装产品计划价格的工具，必须遵循价值规律的客观要求，反映产品生产过程中所消耗的社会必要劳动时间，即在现有社会正常生产条件下，在社会平均劳动熟练程度和劳动强度下，确定生产一定使用价值的建筑安装产品所需要的人工、材料、机械台班消耗水平。

现有社会正常生产条件，应是现实的中等生产条件。社会平均劳动熟练程度和劳动强度，既不是少数先进的水平，也不是部分落后的水平。这样确定的预算定额水平，一般说是合理的水平，或者说是平均水平。预算定额中的人工、材料和机械台班消耗指标，应保证大多数施工企业都能够达到。只有这样，才能更好地调动企业与职工的生产积极性，不断改善经营管理，改进施工方法，提高劳动生产率，降低原材料和施工机械台班消耗量，多快好省地完成安装工程施工任务。

（3）技术先进、经济合理的原则　技术先进是指定额项目的确定、施工方法、施工机械和材料的选择等，要包纳已经成熟并被推广的新结构、新材料、新技术、新工艺、新经验，使先进的生产技术和管理经验得到推广和应用，以促进生产力的发展，节约资源和降低成本。经济合理是指纳入预算定额的材料规格、数量、质量、劳动效率和施工机械的配备等应符合当前大多数施工企业的施工（生产）和经营管理水平。

（4）形式简明适用 定额应内容全面、项目少、简明扼要、易于操作。为了稳定预算定额的水平，统一考核尺度和简化工程量的计算，编制时应尽量减少定额的换算工作。

1）预算定额的项目划分应简明实用，以主要工序带动次要工序、主要项目带动次要项目为原则，尽量简化和综合，尽可能减少编制项目。要细算粗编，把常用的主要项目划分细一些，次要项目适当综合，近似项目加以合并。

2）预算定额要实行工程实体消耗与施工措施消耗分离，消耗量与劳务、材料价格分离，以利于工程造价的动态管理，有利于市场竞争和国家宏观调控。

3）工程量计算规则要力求简洁、明了、无歧意，并单独成册，以利于计算机计算。

三、预算定额的编制依据

（1）现行的设计、施工、验收规范，安全操作规程和质量评定标准等 有国家标准的应以国家标准为依据，无国家标准的可参照有关部门或地区的相关标准规范。在确定预算定额的人工、材料和施工机械台班消耗量时，必须充分考虑上述各项法规的要求和影响。

（2）现行的施工定额 预算定额中的人工、材料和施工消耗水平，要根据现行的施工定额来确定。预算定额的分项方法、计量单位的选取，也要以施工定额为参考，从而保证两种定额的衔接和可比性。

（3）现行的标准图集和具有代表性的设计图等资料 选择有代表性的设计和图样加以认真地分析研究，计算出工程数量，以作为选择施工方法和分析人工、材料消耗的计算依据。

（4）经工程实践检验确已成熟，已被推广使用的新技术、新结构、新材料的资料 用以调整定额水平和增加预算定额新项目时参考。

（5）有关科学试验、技术测定、统计资料和经验数据 上述资料是确定预算定额内各种数据的基础资料。

（6）国家和地区过去颁发过的预算定额及所积累的编制预算定额的基础资料 过去颁发过的预算定额和相关资料，作为编制预算定额时的依据和参考。

（7）各地的补充预算定额 为了解决预算定额缺项的问题，企业为了经济核算和对外结算的需要，编制了部分项目的补充预算定额，这些资料也是编制新预算定额时的参考资料。

（8）现行的工资标准和预算价格 现行的工资标准和预算价格是确定人工费、材料费和编制单位估价表等的依据。

四、预算定额的编制步骤

预算定额的编制一般分为四个阶段。

（1）准备阶段 准备阶段的任务是成立编制机构，拟定编制方案，确定定额项目，收集各种编制依据的资料。学习有关工程造价管理方面的文件和规定，就一些原则性的、方向性的问题（如定额水平、作用、项目的划分、编排形式等）统一认识。

（2）编制初稿阶段 对收集到的各种依据资料分别进行分析研究、测算，根据确定的定额项目内容及要求，计算工程量，确定人工、材料、机械台班的耗量指标，进而编制定额项目劳动力计算表、材料及机械台班计算表，制定工程量计算规则，确定基价，附注工作内容及有关计算规则说明，汇总编制出预算定额项目表——预算定额初稿。

（3）征求意见、修改初稿阶段　定额初稿编制完成后，要分别组织设计人员、施工技术人员、工人、施工管理人员、造价管理人员等对初稿进行座谈讨论并提出修改意见，然后有针对性地对初稿进行修改。

（4）审查定稿阶段　对新编定额水平进行测算，与旧定额水平进行主要项目的比较；如对同一工程用新、旧定额分别编制两份预算，对预算造价进行比较；对施工现场人工、材料、机械消耗水平加以测定，进行定额耗量与实际耗量的比较。根据测算和比较的结果，对定额水平升高或降低的原因进行分析，并对定额初稿进一步修改，再次组织有关部门讨论，广泛征求意见，最后修改定稿，编写编制说明，拟制送审报告，连同预算定额送审稿呈报领导机关审批，审批后印制成正式预算定额颁发执行。

五、预算定额的编制方法

（1）确定预算定额项目和工作内容　预算定额在项目上较为宏观，不像施工定额所反映的只是一个施工过程的人工、材料和施工机械台班的消耗定额。因此，确定定额项目时要求：

1）便于确定单位估价表。

2）便于编制施工图预算。

3）便于进行计划、统计和成本核算。

（2）确定定额计量单位　计量单位的确定应能确切地反映单位产品的人工、材料、机械台班的消耗量，保证预算定额的准确性；还应有利于定额项目的总和，以减少定额项目，便于简化工程量的计算和预算的编制。

定额计量单位的确定主要依据分部、分项工程的形体不同及其所固有的规律来确定。

1）凡物体的截面有一定的形状和大小而长度不同时，应以长度 m（米）为计量单位，如管道、电缆、轨道的安装分项工程等。

2）当物体有一定厚度而面积不固定时，以 m^2（平方米）为计量单位较适宜，如通风管、刷油、除锈等分项工程。

3）当物体的长、宽、高都变化不定时，应采用 m^3（立方米）为计量单位，如绝热、土方等分项工程。

4）有的分项工程虽然体积、面积相同，但质量和价格差距很大，或是不规则难以度量的实体，则采用 t（吨）、kg（千克）作为计量单位，如金属支架的制作安装、风管部件的制作安装、机械设备的安装等分项工程。

5）有的根据成品、半成品和机械设备的不同特征，采用自然单位（如个、片、组、套、台、件等）作为计量单位，如阀门、灯具、风机、机械设备等分项工程。

需要说明的是，以上确定计量单位的原则是相对的，不是绝对的。例如通风管道，其截面有一定的形状和大小，应以长度 m 为计量单位，但实际上是以 $10m^2$ 为计量单位的，这是什么原因呢？这是因为风管有个现场制作问题，而且风管规格型号很多，非系列产品也多，如以长度 m 为计量单位，将会造成子项繁多，给编制定额和使用定额带来不便。所以，采

用 m^2 扩大单位 $10m^2$ 为计量单位。采用扩大单位也是为了制定和使用定额方便。仍以风管为例，如果以 m^2 为计量单位，则螺栓、铆钉、机械台班耗用量等的计算就很不方便；如果采用 $10m^2$ 为单位，对实物耗用量标准的确定就比较方便了。

（3）确定人工、材料、机械台班耗用量

1）人工耗用量的确定。人工耗用量包括基本用工、超运距用工和人工幅度差三部分。

基本用工：指完成该分项工程的主要用工量，包括在劳动定额时间内所有用工量总和，以及按劳动定额规定应增加的用工量。基本用工是以取定的工程量和时间定额为依据计算确定的，即

$$基本用工 = \sum（扩大工序工程量 \times 时间定额）$$

超运距用工：指预算定额中取定的材料运输距离超过劳动定额规定的运输距离，所需增加的工日数，即

$$超运距用工 = \sum（超运距材料量 \times 时间定额）$$

人工幅度差：指预算定额对在劳动定额规定的用工范围内没有包括，而在一般正常情况下又不可避免的一些零星用工，常以百分率计算。其计算公式为：

$$人工幅度差 =（基本用工 + 超运距用工）\times 人工幅度差系数$$

其中人工幅度差系数为：安装工程为 12%，土建工程为 10%。

综上所述可知：

$$定额人工耗用量 =（基本用工 + 超运距用工）\times（1 + 人工幅度差系数）$$

2）材料消耗量的确定。材料消耗量包括净用量和损耗量。净用量即构成工程实体的实际用量，可根据设计及施工规范、材料规格和选定的典型图样，采用理论方法计算后，再按定额项目综合的内容和实测资料调整取定。材料损耗量包括场内运输损耗和操作损耗，根据材料净用量和材料损耗率计算确定。材料消耗量按下式确定：

$$材料消耗量 = 材料净用量 \times（1 + 材料损耗率）$$

3）机械台班耗用量的确定。机械台班耗用量是在劳动定额的基础上，再增加机械幅度差确定的。

（4）确定定额基价　以人工、材料、机械台班耗量分别乘以其单价，计算出人工费、材料费和机械费，将三者相加即可求得定额基价，即

$$定额基价 = 综合人工数 \times 人工单价 + \sum（材料数量 \times 材料预算单价）+ 其他材料费 + \sum（机械台班数量 \times 机械台班预算单价）+ 其他机械费$$

（5）编写预算定额说明　预算定额说明包括册说明、章说明、附注等，并编写定额附录。

（6）编写预算定额编制说明　主要内容是编制原则、依据、分工、编制过程中的一些具体问题的处理办法和结果，及其他一些需要说明的问题。

六、安装工程预算定额表的结构形式

安装工程预算定额表的样例见表 2-1。

表 2-1　空气加热器的安装　　　　　　　　（计量单位：台）

定额编号			9—213	9—214	9—215
项　目			空气加热器（冷却器）安装		
			100kg 以下	200kg 以下	400kg 以下
名　称	单位	单价/元	数　量		
人工　综合工日	工日	23.22	1.270	1.640	2.570
材料　空气加热器（冷却器）	台	—	(1.000)	(1.000)	(1.000)
材料　普通钢板 0#～3# δ1～1.5	kg	4.290	0.270	0.480	0.600
材料　角钢 L 60	kg	3.150	5.240	6.950	9.610
材料　扁钢＜－59	kg	3.170	0.870	0.960	1.130
材料　精制六角带帽螺栓 M8×75	10 套	7.600	3.700	4.200	6.200
材料　电焊条结 422φ4	kg	5.360	0.100	0.100	0.100
材料　石棉橡胶板低压 δ0.8～6	kg	6.240	0.380	0.530	1.210
机械　交流电焊机 21kV·A	台班	35.670	0.170	0.210	0.340
机械　台式钻床 φ16×12.7	台班	7.310	0.080	0.100	0.150
基价（元）			87.59	109.06	164.53
其中　人工费（元）			29.49	38.08	59.68
其中　材料费（元）			51.45	62.76	91.63
其中　机械费（元）			6.65	8.22	13.22

注：本表摘自《全国统一安装工程预算定额》（GYD—209—2000）。

第二节　《全国统一安装工程预算定额》简介

　　现行的《全国统一安装工程预算定额》［GYD—（201～212）—2000］（以下简称"全统定额"）是由国家建设部组织修订的一套较完整、适用的标准定额，是确定安装工程中每个计量单位分项工程所消耗的人工、材料和机械台班的数量标准。定额中给出了实物消耗量指标，也给出了相应的货币量指标。

　　"全统定额"于 2000 年 3 月 17 日由国家建设部颁布实施，共分 12 册，分别是：

　　第一册　机械设备安装工程　GYD—201—2000。

　　第二册　电气设备安装工程　GYD—202—2000。

　　第三册　热力设备安装工程　GYD—203—2000。

　　第四册　炉窑砌筑工程　GYD—204—2000。

　　第五册　静置设备与工艺金属结构制作安装工程　GYD—205—2000。

　　第六册　工业管道工程　GYD—206—2000。

　　第七册　消防及安全防范设备安装工程　GYD—207—2000。

　　第八册　给排水、采暖、燃气工程　GYD—208—2000。

　　第九册　通风空调工程　GYD—209—2000。

　　第十册　自动化控制仪表安装工程　GYD—210—2000。

第十一册　刷油、防腐蚀、绝热工程　GYD—211—2000。
第十二册　通信设备及线路工程　GYD—212—2000。

一、"全统定额"的编制依据

"全统定额"是依据现行有关国家的产品标准、设计规范、施工及验收规范、技术操作规程、质量评定标准和安全操作规程编制的，也参考了行业、地方标准，以及有代表性的工程设计、施工资料和其他有关资料。

二、"全统定额"的作用

"全统定额"是完成规定计量单位分项工程计价所需的人工、材料、施工机械台班的消耗量标准，是统一全国安装工程预算工程量计算规则、项目划分、计量单位的依据；是编制作安装装工程地区单位估价表、施工图预算、招标工程标底、确定工程造价的依据；也是编制预算定额、投资估算指标的基础；也可作为制订企业定额和投标报价的基础。

三、"全统定额"的使用范围和适用条件

"全统定额"适用于全国同类工程的新建、改建工程。

"全统定额"是按正常施工条件进行编制的，所以只适用于正常的施工条件。正常施工条件是：

1）设备、材料、成品、半成品、构件完整无损，符合设计要求和质量标准，有合格证书和试验记录。

2）安装工程和土建工程之间的交叉作业正常。

3）安装地点、建筑物、设备基础、预留洞、预留孔等均符合安装要求。

4）现场水电供应正常。

5）气候、地理条件、施工环境正常。

在非正常的条件下施工，应根据有关规定增加安装费用。

四、"全统定额"的结构组成

"全统定额"共12册，每册均由总说明、册说明、目录、章说明、定额项目表、附注和附录等组成。

（1）总说明　主要介绍"全统定额"的组成、作用、编制依据、适用范围、适用条件和人工工日消耗量、材料消耗量、施工机械台班消耗量的确定方法等内容。

（2）册说明　主要针对本册定额的使用情况加以说明，内容有：本册定额的适用范围、与其他相关册的关系、定额的作用、定额的编制条件、定额的编制依据、有关费用的计取方法（如脚手架搭拆费、高层建筑增加费、超高增加费等）和定额系数的确定、定额的使用方法、使用中应注意的事项和有关问题等。

（3）目录　列出定额组成项目名称和页次，以便查找。

（4）章说明　主要说明分部工程定额包括的主要工作内容和不包括的工作内容；使用定额的一些基本规定和有关问题的说明，如界限划分、适用范围等；分部工程的工程量计算规则及有关规定。

（5）定额项目表　是每册定额的主要内容，包括的内容有：分项工程的工作内容，一般列入项目表的表头；一个计量单位的分项工程人工消耗量、材料和机械台班消耗的种类和数量标准（实物量）；预算定额基价，即人工费、材料费和机械台班使用费（货币指标）；工日、材料、机械台班单价（预算价格）。

（6）附注　标在项目表的下方，解释一些定额说明中未尽的问题。

（7）附录　一般排在定额的最后，为使用定额提供一些参考数据和资料，如施工机械台班单价表、主要材料损耗率、定额中材料的预算价格等。

五、定额基价

定额基价是一个计量单位分项工程的基础价格，有人工费、材料费、机械台班使用费组成。

（1）人工费

$$人工费 = 综合工日 × 人工单价$$

1）综合工日。综合工日包括基本用工、超运距用工和人工幅度差。

2）人工单价。"全统定额"中综合工日的单价采用北京市 1996 年安装工程人工费单价，每工日 23.32 元，包括基本工资和工资性津贴等。

（2）材料费

$$材料费 = 材料数量 × 材料单价$$

1）消耗材料和辅助材料。消耗材料和辅助材料均分规格、型号以实物量表示，对一些用量少、价值低的材料，从简明适用、方便操作的原则出发，将其合并为其他材料，以"元"表示计入材料费。

2）未计价材料。在定额项目表下方的材料表中，有的材料数量数字是用"（　）"括起来的，括号内的材料数量是该项工程的消耗量，但基价内不含其价值，预算时应按括号内的数量按地区预算价格计算。

另外，有的未计价材料是在附注中注明的，此时应按设计用量加损耗量按地区预算价计算其价格。

3）周转性材料。周转性材料按摊销量计入材料费。

（3）机械台班使用费

1）预算定额中的机械台班是按正常合理的机械配备和大多数施工企业的机械化程度综合取定的，实际施工中遇到品种、规格、型号、数量与定额规定不一致时，除另有说明者外，均不作调整。

2）施工机械台班价格是按 1998 年颁发的《全国统一施工机械台班费用定额》计算的，其中不包括牌照费和养路费，该项费用按各地规定计入预算中。

六、定额系数

定额系数是定额的重要组成部分，引入定额系数是为了使预算定额简明实用，便于操作。

预算定额是在正常的施工条件下编制的，而实际施工条件相当复杂。如果对各种条件都制定相应的定额，不但工作量大、定额内容繁杂，而且使用不便；但若留下缺欠，又将给预算计价管理带来许多麻烦。因此，为了既满足工程实际计价的需要，又使定额简明实用、便于操作，引入了定额系数。

定额系数有两类，即子目系数和综合系数。

子目系数包括高层建筑增加费系数、超高增加费系数、定额各章节规定的各种换算系数等。

综合系数是指符合条件时所有项目进行整体调整的系数，如脚手架搭拆系数、安装与生产同时进行增加系数、在有害身体健康的环境中施工降效增加费系数、系统调整系数等。

子目系数与综合系数两者的关系是：子目系数构成综合系数的计算基础。

计费时，如果一个工程同时要计取子目系数和综合系数相关费用，应先计取子目系数相关费用，并将其所得的人工费纳入计取综合系数相关费用的计费基础，再计算综合系数计取的相关费用。例如，在计取脚手架搭拆费、高层建筑增加费、在有害身体健康的环境中施工降效增加费时，应先计取高层建筑增加费，并将其所得的人工费纳入脚手架搭拆费和在有害身体健康的环境中施工降效增加费的计算基础，再计算脚手架搭拆费和在有害身体健康的环境中施工降效增加费。

子目系数与综合系数计算所得增加部分构成定额直接费。

需要说明的是，各地区对定额系数的解释与使用有所不同，使用中应根据各地区的规定执行。

1. 高层建筑增加费

预算定额是按一定建筑高度编制的，在高层建筑安装施工，其生产效率较一般建筑肯定降低，材料、工具垂直运输机械台班耗量也肯定增加。为了弥补人工的降效和机械台班耗量的增加，所以计取高层建筑增加费。

"全统定额"关于高层建筑的定义是：六层以上的多层建筑（不含六层），或层数虽未超过六层，但建筑总高度（自室外设计正负零至檐口或最高层楼地面的高度，不包括屋顶水箱间、电梯间、屋顶平台出入口）超过20m的建筑（不含20m）。两个条件具备其一即视为高层建筑，应按定额规定计取高层建筑增加费。

高层建筑增加费发生的范围是：给排水、暖气、通风空调、电气照明、生活用煤气工程及其保温、刷油等。费用内容包括人工降效、材料和工具垂直运输增加的机械台班费、施工用水加压泵的台班费及工人乘坐的升降设备台班费等。费用的比例划分见定额说明中的高层建筑增加费用系数表。高层建筑增加费的计费基数是包括6层或20m以下全部工程人工费。

例如，某16层建筑物通风空调设备安装工程设备安装人工费为60000元，其高层建筑增加费为多少？

查通风空调工程预算定额中（全统定额）高层建筑增加费系数为人工费的4%，该工程高层建筑增加费为

60000元×4% = 2400元

增加的2400元费用全部计入人工工资。

同一建筑物有不同高度时，应分别按不同高度计取高层建筑增加费。例如，某工业建筑有高度为40m的A区和高度为16m的B区，根据上述条件，A区符合计取高层建筑增加费的条件，应以A区全部人工费乘其相应的系数计取高层建筑增加费；B区不符合上述条件，故则不能计取高层建筑增加费，也不应将B区的人工费作为A区计费的基础。

对于高度超过 20m 的单层建筑，应先将自室外设计标高至檐口的高度标出，按"高层建筑增加费用系数表"所列的相应高度确定费率，以全部工程人工费为基数计取高层建筑增加费。

高层建筑增加费系数见各册说明。

2. 工程超高增加费

"全统定额"是按安装操作物高度在定额高度以下施工条件编制的，定额工效也是在该施工条件下测定的数据。当实际操作物的高度超过定额规定高度时，其工效肯定也会有所降低。工程超高增加费就是为了弥补因操作物高度超高而造成的人工降效而计取的。

1）操作物高度定义。操作物高度有楼层的为楼地面至安装物的距离；无楼层的按操作地点或设计正负零至操作物的距离。例如，层高为 6m 的建筑物，安装在屋顶的灯为操作物，操作物高度为 6m；安装在离地面 1.2m 的开关也是操作物，操作高度为 1.2m。

2）工程超高增加费的计取方法。工程超高增加费以操作物高度在定额规定高度以上的那部分人工费乘以超高系数得出。也就是说，超高增加费只对安装高度超过定额规定高度的工程量计取，而没有超过定额规定高度的工程量不能计取。例如，在电气设备安装工程预算定额中的定额高度为 5m，若在 6m 高的屋顶安装灯，由于安装高度超过了定额高度，因此应以其人工费为基数，乘以规定的超高增加费系数计取超高费；而在同一建筑物内 1.2m 高的墙上安装开关，由于其安装高度没有超过定额高度，这部分工程不能计取超高增加费。

超高增加费系数见各册说明。

3. 脚手架搭拆费

由于安装的需要，当安装物操作高度较高时，需搭设脚手架才便于安装工作的进行。搭设、拆除脚手架需消耗一定数量的人工、材料，材料的运输需消耗机械台班，这些都是工程造价的直接组成部分，需正确计算。

在安装工程中，脚手架搭拆费的计取主要是以人工费乘以系数进行计算的。由于脚手架搭拆费系数是综合取定的系数，因此，除定额规定不计取脚手架费用部分以外，不论工程发生的多少，也不论实际是否发生，均按规定系数计取脚手架搭拆费，包干使用，不得换算。

脚手架搭拆费各册计取比例不同，在同一个单位工程内有多个专业施工，凡符合计算脚手架搭拆费规定的分项，应按各册规定分别计取脚手架搭拆费用。通风空调安装工程、给排水、采暖、燃气安装工程、电气设备安装工程脚手架费用系数见表 2-2。

表 2-2　脚手架费用系数

工程名称	计算基础	系数（%）	其中人工工资（%）
通风空调安装	工程人工费（含子目系数人工费）	3	25
给排水、采暖、燃气安装		5	25
电气设备安装		4	25

有部分设备安装未包括脚手架搭拆，实际需要搭拆脚手架时，应另行计算。

4. 安装与生产同时进行的增加费

在改建、扩建工程中，为了不停产，常常出现安装与生产同时进行的情况。由于生产条件的限制，干扰了安装施工的正常进行而使工效降低时，为了弥补工效的降低，应计取该项增加费。对于生产不影响安装施工正常进行的，则不应计取该项费用。

安装与生产同时进行的增加费并不包括为了保证安装施工和生产所采取的措施费用，发生时应另行计取。

5. 在有害身体健康的环境中施工降效增加费

1）有害身体健康环境的认定。有害身体健康环境是指由于环境中有害气体或高分贝的噪声超过国家标准，以致影响人们身体健康的环境。表2-3、表2-4列出了常见有害气体对人体的危害程度、氧气含量对人体的影响，其他毒物等级标准详见相关规范。

表2-3 常见有害气体对人体的危害程度

名　称	空气中含量/(mg/m^3)	危害情况
一氧化碳	30	工业卫生容许浓度
	50	1h后就会发生中毒症状
	100	0.5h后就会发生中毒症状
	200	15～20min后就会发生中毒症状
硫化氢	10	工业卫生容许浓度
	30	危险浓度
	200～300	会使人流泪、头痛、呼吸困难
	>300	如果抢救不及时，会使人立即死亡
氨	0.5～1	人会闻到氨气味
	30	工业卫生容许浓度
	100	有刺激作用
	200	使人感觉不快
	300	对眼睛有强烈刺激

表2-4 氧气含量（体积分数）对人体的影响

氧含量（体积）（%）	影响程度	氧含量（体积）（%）	影响程度
21以上	使人兴奋、愉快	13～16	突然昏倒
19～21	正常	13以下	死亡
17～18	心跳、发闷		

2）在有害身体健康环境中施工的增加费。在改建、扩建工程中，有的车间或装置内存在有害气体或高分贝的噪声并超过国家规定的有关标准，以致影响施工人员的身体健康而降低了工效，作为施工降效的补偿，应计取在有害身体健康的环境中施工的增加费。

计取在有害身体健康的环境中施工的增加费，并不影响劳保条例规定应享受的工种保健费。

6. 系统调整费

系统调整费是综合取定系数，适用于暖通、通风空调、民用建筑中的工艺管道工程以及制冷站（库）、空气压缩站、乙炔发生站、小型制氧站、煤气站等工程。但不属于采暖工程的热水供应管道不能计取该项费用。

7. 特殊地区（或条件）施工的增加费

2000年"全统定额"适用于海拔2000m以下，地震烈度7度以下地区，超过的由各地调整。

特殊地区（或条件）施工的增加费是指在高原、山区、高温、高寒、沙漠、沼泽地区施工，或在洞库内及水下施工需要增加的费用。

第三节 地方定额简介

地方定额是计算安装工程单位产品定额直接费的文件，是各地区（各省、市、自治区）根据"全统定额"中的实物耗量指标，结合本地区的人工、材料、机械台班预算单价，计算出以货币形式表示的各分部分项工程或结构构件的单位价格。地方定额是"全统定额"在本地区的具体化和具体落实，是本地区执行"全统定额"的具体形式。地方定额只供本地区使用。

安装工程预算地方定额的形式较多，各地区的名称、式样也不尽相同。下面就河北省现行安装工程预算定额——《全国统一安装工程预算定额河北省消耗量定额》（2008 年制定，以下简称"河北省消耗量定额"）为例加以说明。

"河北省消耗量定额"是在"全统定额"（GYD—201～212—2000、GYD—213—2003）的基础上，结合河北省设计、施工、招投标的实际情况，根据现行国家产品标准、设计规范和施工验收规范、质量评定标准、安全操作规程编制的。

"河北省消耗量定额"中消耗量（除可竞争措施项目消耗量外）是编制施工图预算、最高限价、标底的依据；是工程量清单计价、投标报价、进行工程拨款、竣工结算、衡量投标报价合理性、编制企业定额和工程造价管理的基础或依据；还是编制概算定额、概算指标和投资估算指标的主要资料。

表 2-5 是"河北省消耗量定额"的样例，可以看出，该样例与"全统定额"基本一致。"河北省消耗量定额"与"全统定额"有以下几个不同的地方。

表 2-5 风口安装 （单位：个）

定额编号			9—170	9—171	9—172	9—173	9—174
项目名称			百叶风口周长/mm（不大于）				
			900	1280	1800	2500	3300
基价/元			15.50	18.49	30.21	43.77	56.85
其中	人工费/元		5.60	7.60	16.00	24.80	32.40
	材料费/元		7.97	8.96	12.28	17.04	22.52
	机械费/元		1.93	1.93	1.93	1.93	1.93
名　称	单位	单价/元	数　量				
人工	综合用工二类	工日	40.00	0.140	0.190	0.400	0.620	0.810
材料	镀锌扁钢 < -59	kg	5.20	0.610	0.800	1.130	1.570	2.070
	精制六角带帽螺栓 M2 - 5 × 4 - 20	10 套	8.00	0.600	0.600	0.800	1.110	1.470
机械	台式钻床 φ16 × 12.7	台班	64.49	0.030	0.030	0.030	0.030	0.030

1. "定额系数"的解释

"河北省消耗量定额"对"全统定额"中以"定额系数"计取的费用解释为"措施费"。"措施费"由可竞争措施项目和不可竞争措施项目发生的费用组成。

可竞争措施项目发生的费用包括操作高度增加费、超高费、脚手架搭拆费、系统调整费、大型机械一次安拆场外运输费、其他措施项目费（包括生产工具、用具使用费，检验试验配合费，冬、雨期施工增加费，夜间施工增加费，二次搬运费，停水、停电增加费，工程定位复测配合费及场地清理费，已完工程及设备保护费，安装与生产同时进行增加费，有害身体健康的环境中施工降效增加费等）。

不可竞争措施项目发生的费用包括安全防护、文明施工费。

可以看出，这与"全统定额"中子目系数、综合系数的划分范围、划分方法完全不同。

2. 计费方法的不同

在"河北省消耗量定额"中，"措施费"也列入定额计算。措施费的计算方法是：以"河北省消耗量定额"中实体消耗项目的人工费、机械费之和为基础计算可竞争措施项目费；以实体消耗项目和可竞争措施项目（其他措施项目除外）的人工费、机械费之和为基础计算不可竞争措施项目费。措施项目费的计费基础为"人工费和机械费之和"，这与"全统定额"的计费基础是"人工费"也是不同的。

第四节　安装工程费用项目组成及费率

一、安装工程费用项目组成

2003 年，国家建设部、财政部联合发布建标 ［2003］206 号文件，对原"建筑安装工程费用项目划分"进行了调整。调整后的建筑安装工程费由直接费、间接费、利润和税金四部分组成。

为了配合建标 ［2003］206 号文件的实施，各地区相继编制了新的费用项目组成。如河北省建设厅于 2008 年颁发了与"河北省消耗量定额"配套使用的《河北省建筑、安装、市政、装饰装修工程费用标准》。下面，通过该标准来了解河北省安装工程费用项目组成。

（一）直接费

直接费由直接工程费和措施费组成。

1. 直接工程费

直接工程费指施工过程中耗费的构成工程实体的各项费用，包括人工费、材料费、施工机械使用费。

（1）人工费　人工费是指直接从事安装工程施工的生产工人开支的各项费用。其内容包括：

1）基本工资。基本工资指发放给生产工人的基本工资。

2）工资性补贴。工资性补贴指按规定标准发放的物价补贴，煤、燃气补贴，交通费补贴，住房补贴，流动施工津贴等。

3）生产工人辅助工资。生产工人辅助工资指生产工人年有效施工天数以外非作业天数的工资，包括职工学习、培训期间的工资，调动工作、探亲、休假期间的工资，因气候影响的停工工资，女工哺乳期间的工资，病假在6个月以内的工资及产、婚、丧假期间的工资。

4）职工福利费。职工福利费指按规定标准计提的职工福利费。

5）生产工人劳动保护费。生产工人劳动保护费指按规定标准发放的劳动保护用品的购置费及修理费，徒工服装补贴，防暑降温费，在有害身体健康的环境中施工的保健费用等。

（2）材料费　材料费是指施工过程中耗费的构成工程实体的原材料、辅助材料、构配件、零件、半成品的费用。其内容包括：

1）材料原价。

2）材料供销综合费。

3）材料包装费。

4）材料运输费。

5）材料采保费。

（3）施工机械使用费　施工机械使用费是指施工机械作业所发生的机械使用费以及机械安拆费和场外运费。其内容包括：

1）折旧费。

2）大修费。

3）经常修理费。

4）安拆费及厂外运费。

5）燃料动力费。

6）人工费。

7）其他费用。

2. 措施费

措施费指为完成工程项目施工，发生于该工程施工前和施工过程中非工程实体项目的费用，分为可竞争措施项目费用和不可竞争措施项目费用。详见各专业消耗量定额相关章、节、项目。

（二）间接费

间接费由规费、企业管理费组成。

1. 规费

规费是指省级以上政府和有关权力部门规定必须缴纳和计提的费用。其内容包括：

（1）社会保障费

1）养老保险费。养老保险费指企业按规定标准为职工缴纳的基本养老保险费。

2）医疗保险费。医疗保险费指企业按规定标准为职工缴纳的基本医疗保险费。

3）失业保险费。失业保险费指企业按规定标准为职工缴纳的失业保险费。

4）生育保险费。生育保险费指企业按规定标准为职工缴纳的生育保险费。

5）工伤保险费。工伤保险费指企业按规定标准为职工缴纳的工伤保险费。

（2）住房公积金　指企业按规定标准为职工缴纳的住房公积金。

（3）危险作业意外伤害保险　指按照《中华人民共和国建筑法》规定，企业为从事危险作业的建筑安装施工人员支付的意外伤害保险费。

（4）工程排污费　指施工现场按规定缴纳的工程排污费。

（5）工程定额测定费　指按规定支付工程造价（定额）管理部门的定额测定费。

（6）河道工程修建维护管理费　指河道工程的修建维护和管理费用。

（7）职工教育经费　指企业为职工学习先进技术和提高文化水平，按职工工资总额计提的费用。

2. 企业管理费

企业管理费指建筑安装企业组织施工生产和经营管理所需的费用。其内容包括：

（1）管理人员工资　指管理人员的基本工资、工资性补贴、职工福利费、劳动保护费等。

（2）办公费　指企业管理办公用的文具、纸张、账表、印刷、邮电、书报、会议、水电、烧水和集体取暖用煤等费用。

（3）差旅交通费　指职工因公出差、调动工作的差旅费、住勤补助费，市内交通费和误餐补助费，职工探亲路费，劳动力招募费，职工离退休、退职一次性路费，工伤人员就医路费，工地转移费以及管理部门使用的交通工具的油料、燃料、养路费及牌照付费。

（4）固定资产使用费　指管理和试验部门及附属生产单位使用的属于固定资产的房屋、设备仪器等的折旧、大修、维修或租赁费。

（5）工具用具使用费　指企业管理使用的不属于固定资产的生产工具、器具、家具、交通工具和检验、试验、测绘、消防用具等的购置、维修和摊销费。

（6）劳动保险费　指由企业支付离退休职工的异地安家补助费、职工退职金、六个月以上的病假人员工资、职工死亡丧葬补助费、抚恤费、按规定支付给离休干部的各项经费。

（7）工会经费　指企业按职工工资总额计提的工会经费。

（8）财产保险费　指施工管理用财产、车辆保险费。

（9）财务费　指企业为统筹资金而发生的各种费用。

（10）税金　指企业按规定缴纳的房产税、车船使用税、土地使用税、印花税等。

（11）其他　包括技术转让费、技术开发费、业务招待费、绿化费、广告费、公证费、法律顾问费、审计费、咨询费、服务费等。

（三）利润

利润指施工企业完成所承包工程获得的盈利。

（四）税金

税金指国家税法规定的应计入建筑安装工程造价内的营业税、城市维护建设税及教育费附加等。

建筑安装工程费用项目组成简表如图 2-1 所示。

二、安装工程计价程序和费率

1. 安装工程计价程序

安装工程编制工程预算、招标工程标底和投标报价以及进行工程结算，应按各地区制定的工程计价程序计算工程造价。河北省安装工程计价程序见表 2-6。

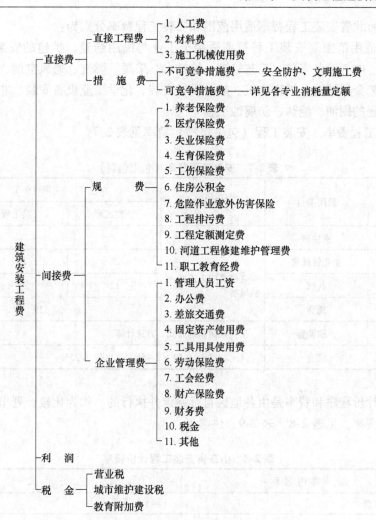

图 2-1　建筑安装工程费用项目组成简表

表 2-6　河北省安装工程计价程序

序号	费用项目	计算方法
1	直接费	—
2	直接费中人工费＋机械费	—
3	企业管理费	2×费率
4	利润	2×费率
5	规费	2×费率
6	价款调整	按合同确认的方式、方法计算
7	税金	（1＋3＋4＋5＋6）×费率
8	工程造价	1＋3＋4＋5＋6＋7

2. 安装工程费率

安装工程费率是各地区建筑安装工程定额管理部门根据国家有关规定，结合本地区实际情况编制的。河北省安装工程费率适用范围和安装工程费率分别为：

（1）费率适用范围　安装工程费率适用于工业与民用新建、扩建的安装工程，包括：机械设备安装、电气设备安装、工艺管道、给排水、采暖、燃气、通风空调、自动化控制装置及仪表、工艺金属结构、炉窑砌筑、热力设备安装、化学工业设备安装、非标设备制作工程以及上述工程的刷油、绝热、防腐蚀工程。

（2）安装工程费率　安装工程（包工包料）费率见表2-7。

表2-7　安装工程费率（包工包料）

序　号	费用项目	计费基数	费率（%）		
			一类工程	二类工程	三类工程
1	直接费	—	—		
2	企业管理费	直接费中人工费 + 机械费	28	20	16
3	利润		12	11	8
4	规费		19		
5	价款调整	按合同确认的方式、方法计算			
6	税金	（1+2+3+4+5）×3.45%、3.38%、3.25%			

安装工程计价程序和费率是由各地区自行制定并执行的。作为比较，列出山东省安装工程计价程序和费率，见表2-8、表2-9，供参考。

表2-8　山东省安装工程计价程序

费用代号	费用名称	公　式
一	直接费	（一）+（二）
	（一）直接工程费	∑工程量 + ∑[（定额工日消耗数量）×（人工单价）+（定额材料消耗数量）×（材料单价）+（定额机械台班消耗数量）×（机械台班单价）]
	其中：人工费（R1）	直接工程费中的人工费
	（二）措施费	（1）+（2）+（3）
	（1）参照定额规定计取的措施费	按定额规定计算
	（2）按照费率计取的措施费	∑R1 × 相应费率
	（3）按施工组织设计（方案）计取的措施费	施工组织设计（方案）计取
	其中：人工费（R2）	措施费中的人工费之和
二	企业管理费	（R1 + R2）×管理费费率
三	利润	（R1 + R2）×利润率
四	规费	（一+二+三）×规费费率
五	税金	（一+二+三+四）×税金
六	安装工程费用合计	一+二+三+四+五

表 2-9　山东省安装工程费率(%)

费用名称	工程名称及类别	设备安装工程		
		I	II	III
措施费	环境保护费	3	2.5	2
	文明施工费	6	5	4
	临时设施费	16.5	13	10
	夜间施工增加费	3.6	3	2.5
	二次搬运费	3.2	2.6	2.1
	冬、雨期施工增加费	4	3.3	2.8
	已完工程设备保护费	2	1.6	1.3
	总承包服务费	5	3	1
企业管理费		65	54	42
利润		40	30	20
规费	工程排污费(发生时)	按环保部门相关规定计算		
	工程定额测定费	按各市相关规定计算		
	设备保障费	2.6		
	住房公积金	按相关规定计算		
	危险作业意外伤害保险	按所需投保金额计算		
	安全施工费	由各市工程造价管理机构核定		
税金	市区	3.44		
	县城、镇	3.38		
	市、县城、镇外	3.25		

三、安装工程类别划分

安装工程费率的计取与工程类别有关。也就是说，在计取费率之前必须先确定安装工程的类别，再按照其类别确定费率，计取费用。河北省安装工程类别划分标准是：

1. 一类工程

1) 台重 35t 及其以上的各类机械设备（不分整体或解体）以及自动、半自动或数控机床，引进设备。

2) 自动、半自动电梯，输送设备以及起重质量 50t 及其以上的起重设备及相应的轨道安装。

3) 净化、超净、恒温和集中空调设备及其空调系统。

4) 自动化控制装置和仪表安装工程。

5) 砌体总实物量在 50m³ 及以上的炉窑、塔、设备砌筑工程和耐热、耐酸碱砌体衬里。

6) 热力设备（每台蒸发量 10t/h 以上的锅炉）及其附属设备。

7) 1000kVA 以上的变配电设备。

8) 化工制药和炼油装置。

9) 各种压力容器的制作和安装。

10）煤气发生炉、制氧设备、制冷量 231.6kW 以上的制冷设备、高中压空气压缩机、污水处理设备及其配套的气柜、贮罐、冷却塔等。

11）焊口有探伤要求的厂区（室外）工艺管道、热力管网、煤气管网、供水（含循环水）管网及电缆敷设工程。

12）附属于本类型工程各种设备的配管、电气安装和调试及刷油、绝热、防腐蚀等工程。

13）一类建筑工程的附属设备、照明、采暖、通风、给排水及消防等工程。

2. 二类工程

1）台重 35t 以下的各类机械设备（不分整体或解体）。

2）小型杂物电梯，起重质量 50t 以下的起重设备及相应的轨道安装。

3）每台蒸发量 10t/h 及其以下的低压锅炉安装。

4）1000kVA 及其以下的变配电设备。

5）工艺金属结构，一般容器的制作和安装。

6）焊口无探伤要求的厂区（室外）工艺管道、热力管网、供水（含循环水）管网。

7）共用天线安装和调试。

8）低压空气压缩机，乙炔发生设备，各类泵，供热（换热）装置以及制冷量 231.6kW 及其以下的制冷设备。

9）附属于本类型工程各种设备的配管、电气安装和调试以及刷油、绝热、防腐蚀等工程。

10）砌体总实物量在 20m^3 及以上的炉窑、塔、设备砌筑工程和耐热、耐酸碱砌体衬里。

11）二类建筑工程的附属设备、照明、采暖、通风、给排水等工程。

3. 三类工程

1）除一、二类工程以外的工程均为三类工程。

2）三类建筑工程的附属设备、照明、采暖、通风、给排水等工程。

说明：

1）上述单位工程中，同时安装两台或两台以上不同类型的热力设备、制冷设备、变配电设备以及空气压缩机等，均按其中较高类型费用标准计算。

2）建筑工程类别划分详见各地方定额、费率。

确定工程类别后，即可按实际工程类别确定有关费率，进而计算工程造价。

第五节　安装工程施工图预算的编制

一、安装工程施工图预算

在施工图设计完成后，工程项目开工以前，根据已批准的施工图样和已确定的施工组织设计，按照国家和地区现行的安装工程预算定额、安装工程费率、材料预算价格以及其他有关规定编制的工程造价文件，称为安装工程施工图预算。

施工图预算实际上是建筑安装产品的计划价格，相当于一般产品的出厂价格。由于建筑安装工程施工生产的单件性，不可能由国家规定统一的"出厂价格"，必须根据不同的工程采用特殊的计价程序——逐项逐个编制施工图预算的方法来确定。

国家有关部门曾规定，"施工图预算编制由设计单位负责，必要时，可邀请施工单位和建设单位参加"。按此规定，应由设计单位来编制施工图预算。但是，由于种种原因，直至目前，仍有许多工程实行施工单位编制预算、建设单位审查预算的预结算方法。这样，承包方和发包方各自不同的经济利益的冲突，往往通过施工图预算的编审过程表现出来。

近年来，国内建筑市场出现了一些与建设单位和施工单位完全脱钩，实行社会化有偿服务，自主经营，自负盈亏的经济实体机构，由他们编审的预算对建设双方具有约束力，这是一个可喜的变化。

二、编制施工图预算的必备条件

（1）施工图设计交底和会审工作结束　施工单位接到施工图后，应先熟悉施工图基本概况，并由生产管理部门（或技术部门）组织预算和技术（或生产）等部门的有关人员进行会审，对施工、材料来源、加工条件等方面提出设计中存在的问题。然后，由建设单位组织设计单位进行设计交底。在设计交底会上，除由设计单位介绍施工图的主要特点和施工要求，某些特殊材料、需要安装的设备以及它们的规格、型号要求外，一般还应介绍工程范围和设计预算情况等。对施工图中要进行变更或修改的问题，由设计单位作出修改图或由建设单位、设计单位、施工单位共同签认变更设计。

（2）施工组织设计或施工方案已获批准　施工组织设计或施工方案是由施工单位的技术部门根据上级对工程项目的建设要求、施工图及施工条件进行编制的，其内容一般包括：工程概况、施工现场平面布置、施工部署、施工方法、大型机具的配置方案、施工任务的划分、工程进度安排等。

（3）明确建设、施工双方在加工、订货方面的分工　对需要进行委托加工、订货的设备、材料、零配件等，提出委托加工计划，并落实加工单位机加工产品的价格。

施工单位的预算部门应在具备上述条件时，在规定时间内，以单位工程为对象进行施工图预算的编制，然后汇总成单项工程预算送交建设单位。

三、编制施工图预算的依据

（1）施工图　由建设单位提供的、作为安装单位施工依据的施工图是编制施工图预算的主要依据。施工图包括设计说明书、施工图样以及有关的通用图、标准图等。

（2）预算定额　《全国统一安装工程预算定额》和各地区编制的"单位估价表"、"消耗量定额"等是编制预算的基础资料，施工图预算项目的划分、工程量计算等都是以预算定额为依据。

（3）《全国统一安装工程预算工程量计算规则》　《全国统一安装工程预算工程量计算规则》是与《全国统一安装工程预算定额》配套执行的规则，是计算工程量、套用定额单价的必备依据。

（4）建筑安装工程费率　建筑安装工程费率是由各地区根据具体情况自行制定的，编制作安装装工程预算时，应按工程所在地的规定执行。

（5）施工方案或施工组织设计　施工方案或施工组织设计是确定单位工程进度计划、

施工方法或主要技术组织措施以及施工现场平面布置和其他有关准备工作的文件。经过批准的施工方案或施工组织设计是编制施工图预算的依据。

（6）材料预算价格 工程所在地颁布的材料预算价格也是编制施工图预算的依据。在编制安装工程预算过程中遇到有未计价材料时，可直接从各地区颁布的材料预算价格中选用。地区现有材料预算价格不能满足安装工程需要时，可在征得建设单位和建设银行同意的情况下，按有关规定编制补充价格。

（7）有关文件 国家及地区颁发的有关文件是计算某些安装材料调价、定额水平幅度调整、新增某种取费项目的依据。

（8）安装工程概预算手册 在编制施工图预算中，经常需要进行计量单位以及材料重量的换算和计算，使其与定额分项工程计量单位相一致，以便套用预算单价进行费用计算。为此，安装工程概预算手册和其他材料手册也是编制预算时的必备工具书。

（9）工程承包合同文件 建设单位和施工单位签订的工程承包合同文件，包括在材料加工订货方面的分工，材料供应方式等的协议。

四、施工图预算书包含的内容

（1）封面 预算书的封面格式一般包括工程编号、工程名称、工程造价、单位建筑面积造价、编制单位、编制人及证件号、编制时间等。对于投标单位应包括投标人及其法人代表等信息；对于施工单位则应包括建设单位名称等；对于中介单位还应包括招标单位名称。

（2）编制说明 编制说明是将编制过程的依据及其他要说明的问题罗列出来，主要包括：

1）工程名称、工程建设所在地。

2）采用图样的名称、编号。

3）采用的预算定额，地区、年度。

4）采用的取费费率，地区、年度。

5）根据 ** 年度 ** 地区 ** 号文件调整价差。

6）根据 ** 号合同规定的工程范围编制的预算。

7）有关设计修改、图样审核记录。

8）存在问题及处理办法。

（3）工程量计算表和工程量汇总表 内容包括分项名称、规格型号、单位、数量。

（4）分项工程预算表

（5）计取各项费用 直接费，间接费，利润，税金。

（6）工程造价

（7）工料分析表

上述各项内容，根据工程具体情况选取。

五、编制施工图预算的步骤

在编制施工图预算的依据和条件已具备的情况下，可按下列步骤和要求进行施工图预算的编制（以河北省计价程序为例）。

1. 准备工作

（1）组织准备　组织预算编制人员。对于较大型的工程项目，由于其专业较多，需要组织各专业人员分工合作，确定切实可行的编制方案，共同完成预算的编制任务。对于小型工程项目，则可安排少量人员进行编制，但也要有具体的分工。

（2）收集资料　需收集的资料有：

1）施工图。施工图样、通用图集和标准图集及与工程施工有关的设计变更通知书、勘误通知书和相关的文字说明。

2）施工组织设计。每一个工程都有一个切实可行的施工组织设计，用于确定工程进度、施工方法、技术措施及现场平面布置等。

3）有关合同、工具书等。例如，工程施工合同、预算手册等。

4）预算定额和有关规定。例如，安装工程预算定额、安装工程费率和关于计价的有关规定（材料调整系数等）。

（3）勘查施工现场　通过现场勘查，可以核实施工现场的具体情况。例如，自然地理环境、地面标高、交通情况、已有建筑及新建建筑等情况。

2. 阅读施工图

施工图是编制施工图预算的主要依据，所以必须熟悉施工图，才能编制好施工图预算。在接到施工图后，应进行全面细致的阅读。阅读施工图不仅要读懂施工图的内容，还要审核图样中的相关尺寸是否准确，设备、材料的规格、数量是否与图样相符等。有看不懂和有疑问的地方做好记录，以便向设计单位或建设单位询问解决。此外，阅读图样应以设计组成为依据，包括平面图、剖面图、系统图和大样图、标准图及设计变更通知书等，不要遗漏。这样，才能了解工程的性质、系统的组成、设备材料的规格、型号，才能看出有无新工艺、新材料的应用等。

3. 熟悉预算定额

预算定额是编制施工图预算的计价标准，只有熟悉、了解预算定额，对其适用范围、系数的确定、工程量计算规则等做到心中有数，才能迅速、准确地编制预算。

4. 划分工程项目

划分的工程项目应和定额规定的项目一致，这样才能正确地套用定额。划分工程项目时，既不能重复列项计算，也不能漏项。例如给排水工程中，管件连接工程量已包括到管道安装工程项目内，不得在列管道安装项目的同时再列管件连接项目套工艺管道管件连接定额。有的工程量在图样上不能直接表达，往往在施工说明中加以说明，注意不可漏项。管道除锈、绝热、刷油、系统调试等项目都是容易漏项的项目。

5. 计算工程量

计算工程量是编制施工图预算过程中的重要步骤，工程量计算的准确与否，直接影响到施工图预算的编制质量。所以，计算工程量时须注意以下问题：

1）计算工程量必须按预算定额规定的规则进行，该扣除的部分一定要扣除，不该扣除的部分不能扣除。例如，通风管道安装制作工程量，定额规定按展开面积计算，不扣除检查孔、送风口、吸风口等所占面积，咬口面积也不增加。计算风管长度时，以图注中心长度为准，应扣除部件所占的长度，但不扣除管件长度。

2）计量单位应与预算定额相一致，这样才能准确地套用预算定额。例如，风管制作安装的工程量定额计量单位是"10m^2",给水管道安装工程量定额计量单位是"10m"。在计算工程量时,必须将工程量计量单位和定额计量单位划为一致的单位。例如,1000m^{2}风管制作安装工程量应为100(10m^2),100m给水管道安装工程量应为10(10m)。

3)计算方法应与预算定额规定相一致,才能符合施工图预算编制的要求。

4)计算准确。在计算工程量时,要严格按照图示尺寸进行,不得随意加大或缩小;设备规格型号必须与图样一致,不得任意更改名称高套定额,数量要按图计算,不要增加与丢漏。

6. 整理工程项目和工程量

按照工程项目将工程量计算完后,应对相同类型的工程项目和工程量进行合并整理,为下一步的工作打下基础。

(1)合并同类工程项目的工程量 将套用相同定额子目的工程项目的工程量合并为一个项目的工程量。凡是在一个步距、套用同一个定额子目的项目,不管规格是否相同,都应把工程量合并在一起。例如,不锈钢板圆形风管制作安装中,直径600mm和660mm两种规格风管的制作安装项目,虽然风管规格不同,但都属于直径700mm以下,都应套用9—265定额子目,所以,应将上述两种规格风管的工程量相加,合并为一个工程项目的工程量。

(2)按序排列工程项目 按定额编排顺序排列工程项目。先按定额分部工程进行归类,再按定额编号顺序进行排列,可从小到大,也可从大到小排列。排列好后将整理结果填入工程预算表中。

7. 编制预算表

预算表的格式较多,可采用常用格式,也可自行编制,见表2-10、表2-11等。采用哪一种表格,应视具体情况而定。表2-11是河北省目前使用的安装工程预算表格式。

表 2-10　安装工程预算表 1

工程名称：　　　　　　　　　　　　　　　　　　　　　　年　　月　　日　　第　页　共　页

定额编号	项目名称	规格型号	单位	数量	金额/元		其中人工费/元		备注
					单价	复价	单价	复价	

表 2-11　安装工程预算表 2

工程名称：　　　　　　　　　　　　　　　　　　　　　　　　　　共　页　第　页

序号	定额编号	分项工程名称	单位	数量	单价/元	合价/元	其中/元		
							人工费	材料费	机械费

下面以表2-10为例,叙述预算表的填写方法:

（1）定额编号　根据表中顺序首先应填写定额编号。正常情况下，表中填写的号码要与定额编号一致；如果套用的是补充定额，应加以说明，例如"补 30"，表示套用的定额是补充定额第 30 项；如果定额经过换算，在填写定额编号时，应在原定额编号后加以注明，如"8-6 换"，表示该项子目基价不是原来的基价，是经过换算的；"1-1074（人 ×1.40）"则表示该项定额基价中，人工费乘以系数 1.4，其他不变。

（2）项目名称　项目名称填写分项工程的名称，如"活塞式 S 型制冷压缩机组安装"。当图样上的名称与定额不一致时，应按定额名称填写，但必须符合图样的内容和要求。例如，焊接钢管在图样上标注为黑铁管，定额上称为焊接钢管，填写时应填为焊接钢管，具体内容如管径、连接方式等则必须和图样一致，不得更改。

（3）规格型号　按设计图样中标注的填写。

（4）单位　应按定额规定的计量单位填写。例如风口制作项目，单位应填"100kg"，而不能填"kg"；风管制作安装项目的单位应填"10m²"，而不能填"m 或 m²"。

（5）数量　数量指分项工程的工程量，将通过计算并加以整理后的工程量填入该栏。需要注意的是，对于采用"扩大计量单位"的工程量，数量应按单位扩大倍数相应缩小。例如 1000kg 风口制作项目，因计量单位是"100kg"，其数量应填"10"，而不应填"1000"。

8. 计算直接工程费

从定额中找出与项目名称一致的子目的基价填入单价栏内，用单价乘以工程量得出复价填入复价栏中。

从相应定额子目中找出人工费单价填入人工费单价栏内，用该单价乘以工程量得出人工费复价填入复价栏中。

同样，通过机械费单价、工程量也可计算出机械费复价。

计算未计价材料费。将定额中未包括主材费的那部分未计价主材费逐项求出。

逐项填写、计算完毕后，将各项复价和未计价材料费求和，各项人工费（人工费 + 机械费）复价求和，分别求出直接工程费和其中的人工费（人工费 + 机械费）。

9. 计算措施费

根据规定计算出各项措施费及措施费中的人工费（人工费 + 机械费），得出措施费合计（纳入直接工程费）和其中的人工费（人工费 + 机械费）合计。

10. 计算各种应取费用

各种应取费用包括间接费、利润等。对于建筑安装工程，这些费用多采用人工费为计费基数乘以一定的费率求得，也有采用人工费加机械费之和为计费基数乘以费率求得的。计算时，注意各项费用的费率和计费基数应按工程所在地规定的安装工程费率计取，并按照计价程序计算各项费用。

11. 造价调整

以合同确认的方式、方法进行造价调整。

12. 计算规费、税金

按工程费率规定确定规费、税金的费率，并求出规费和税金。

13. 计算工程造价

将直接工程费、措施费、企业管理费、利润、规费和税金相加，即可得到工程造价（注意，应考虑风险金部分）。

14. 工料分析

工料分析是按分项工程项目，依据预算定额计算人工和材料的实物消耗量，并将主要材料汇总成表。

15. 编写预算编制说明

编制说明主要是简明扼要地介绍编制情况、存在问题及应说明的有关事宜。预算编制说明一般包括编制依据（定额、价格、费用标准等的依据）、编制范围，对"暂估"项目的处理意见，预算中存在的问题及处理建议，其他方面需要说明的情况等。

第三章　安装工程造价工程量清单计价

第一节　工程量清单计价概述

我国工程造价体系正处于从计划经济向市场经济转型的时期。在国家进行大规模经济建设的起步阶段，新兴的建筑业占有先行的重要地位，以工程预算定额为基础的工程造价计价体系应运而生，并在经济建设中起到了不可替代的作用。但是，就像计划经济不能适应市场经济的需要一样，计划经济的工程造价计价体系也不能完全适应市场经济的需要，计价体系的改革势在必行。同时，随着我国加入 WTO 以来国际经贸交往的增多，与国际接轨、引入国际上通行的工程量清单计价模式也成了必然。

2003 年，住房和城乡建设部颁布了《建设工程工程量清单计价规范》（GB 50500—2003），于同年 7 月 1 日起实施，建立了以工程量清单为平台的工程计价模式。2008 年，住房和城乡建设部又颁布了重新修订后的《建设工程工程量清单计价规范》（GB 50500—2008）并于 2008 年 12 月 1 日起实施。推行这一计价方法，有助于提高建设工程招标投标计价管理水平，规范招标人和投标人的计价行为，推动进一步的改革，加快我国工程造价管理体制与国际接轨的步伐。

一、工程量清单的概念

工程量清单是表现建设工程的分部分项工程项目、措施项目、其他项目、规费项目和税金项目的名称和相应数量等的明细清单。

更进一步解释，工程量清单是具有编制招标文件能力的招标人，或受其委托具有相应资质的工程造价咨询机构、招标代理机构，根据《建设工程工程量清单计价规范》及招标文件的有关要求，结合设计文件、设计说明、施工现场实际情况等编制的建设工程的分部分项工程项目、措施项目、其他项目、规费项目和税金项目的名称和相应数量等的明细清单。

分部分项工程量清单表明了建设工程的全部分项实体工程的名称和相应的工程数量。

措施项目清单表明了为完成建设工程全部分项实体工程而必须采取的措施性项目及相应的费用。

其他项目清单主要表明了招标人提出的与建设项目有关的特殊要求所发生的费用。

工程量清单体现了招标人要求投标人完成的工程项目及相应的工程数量，全面反映了投标报价要求，是投标人进行报价的依据，是招标文件不可分割的一部分。

二、工程量清单计价的概念

工程量清单计价是建设工程招、投标中，招标人或招标人委托具有资质的中介机构按照统一的工程量清单计价规范，由招标人列出工程数量作为招标文件的一部分提供给投标人，投标人依据工程量清单、施工图、企业定额、市场价格自主报价，经评审后确定中标的一种工程造价计价模式。

工程量清单计价分为两个阶段：

第一阶段是招标人编制工程量清单，作为招标文件的组成部分。

第二阶段是标底编制人、投标人根据工程量清单进行计价、报价。

工程量清单是招投标活动中对招标人和投标人都具有约束力的主要文件，专业性强，内容复杂，对编制人员的业务技术要求较高。所以，合理的清单项目设置、准确的工程数量是清单计价的前提和基础，工程量清单的编制质量也直接关系到工程建设的结果。

三、工程量清单计价的特点

工程量清单计价方法相对于传统的定额计价方法是一种新的计价模式，它真实反映了工程实际，为把定价自主权交给市场参与方提供了可能。与定额计价方法相比，采用工程量清单计价方法具有如下特点：

(1) 满足竞争的需要　招投标过程是一个竞争的过程，招标人给出工程量清单，由投标人去填单价。实际上，填单价的过程就是竞争的过程。含有成本、利润的单价做低了可能赚不到利润，甚至亏本，做高了又难于中标。这样，形成了各投标企业在管理水平、技术水平之间的竞争。

(2) 竞争条件平等　采用定额计价方式投标报价时，由于不同投标企业的人员对相同设计图样的理解不一，使计算出来的工程量不同，甚至出现较大的差距，使报价相差较多，容易产生纠纷。工程量清单计价是让所有的投标人就一个相同的工程量进行报价，由企业根据自己的情况报价，这就为投标人提供了一个平等竞争的条件，符合商品交换的一般性原则。

(3) 有利于工程造价的确定和工程款的拨付　投标企业中标后要与建设单位签订施工合同，工程量清单报价基础上的中标价就成了合同价的基础，投标清单上的单价也就成了拨付工程款的依据。建设单位只要根据施工企业完成的工程量，就可以确定工程进度款的拨付额。同样，工程竣工后，根据设计变更和实际工程量的增减情况，也容易确定工程的最终造价。

(4) 有利于建设单位对投资的控制　采用工程量清单计价时，建设单位对因设计变更、工程量的增减而引起的工程造价的变化容易了解，在要进行设计变更时，能很快知道它对工程造价的影响，可以根据投资情况决定是否进行变更等。

(5) 有利于实现风险的合理分担　采用工程量清单报价后，风险部分是由建设单位、施工单位来分担的。例如，建设单位需承担工程量变更和计算错误等导致的风险部分，施工单位则需对自己所报的成本、单价等负责。

四、《建设工程工程量清单计价规范》简介

《建设工程工程量清单计价规范》(GB 50500—2008)(以下简称"计价规范")，由正文和附录两大部分组成，两者具有同等效力。

"计价规范"包括总则、术语、工程量清单编制、工程量清单计价、工程量清单计价表格等内容。它们分别就"计价规范"适用遵循的原则、编制工程量清单应遵循的规则、工程量清单计价活动的规则、工程量清单及其计价格式做了明确规定。下面仅就总则、术语部分作以简要介绍。

1. 总则

1）为规范工程造价行为，统一建设工程工程量清单的编制和计价方法，根据《中华人民共和国建筑法》、《中华人民共和国合同法》、《中华人民共和国招标投标法》等法律法规，制定本规范。

2）本规范适用于建设工程工程量清单计价活动。

3）全部使用国有资金投资或国有资金投资为主（以下二者简称"国有资金投资"）的工程建设项目，必须采用工程量清单计价。

4）非国有资金投资的工程建设项目，可采用工程量清单计价。

5）工程量清单、招标控制价、投标报价、工程价款结算等工程造价文件的编制与核对应由具有资格的工程造价专业人员承担。

6）建设工程工程量清单计价活动应遵循客观、公正、公平的原则。

7）本规范附录 A、附录 B、附录 C、附录 D、附录 E、附录 F 应作为编制工程量清单的依据。

附录 A 为建筑工程工程量清单项目及计算规则，适用于工业与民用建筑物和构筑物工程。附录 B 为装饰装修工程工程量清单项目及计算规则，适用于工业与民用建筑物和构筑物的装饰装修工程。附录 C 为安装工程工程量清单项目及计算规则，适用于工业与民用安装工程。附录 D 为市政工程工程量清单项目及计算规则，适用于城市市政建设工程。附录 E 为园林绿化工程工程量清单项目及计算规则，适用于园林绿化工程。附录 F 为矿山工程工程量清单项目及计算规则，适用于矿山工程。

注：此处附录指"计价规范"中的附录。

8）建设工程工程量清单计价活动，除应遵守本规范外，还应符合国家现行有关标准的规定。

2. 术语

（1）项目编码　分部分项工程量清单项目名称的数字标识。

（2）项目特征　构成分部分项工程量清单项目、措施项目自身价值的本质特征。

（3）综合单价　完成一个规定计量单位的分部分项工程量清单项目或措施清单项目所需的人工费、材料费、施工机械使用费和企业管理费与利润，以及一定范围内的风险费用。

（4）措施项目　为完成工程项目施工，发生于该工程施工准备和施工过程中的技术、生活、安全、环境保护等方面的非工程实体项目。

（5）暂列金额　招标人在工程量清单中暂定并包括在合同价款中的一笔款项，是用于施工合同签订时尚未确定或者不可预见的所需材料、设备、服务的采购，施工中可能发生的工程变更、合同约定调整因素出现时的工程价款调整以及发生的索赔、现场签证确认等的费用。

（6）暂估价　招标人在工程量清单中提供的用于支付必然发生但暂时不能确定价格的材料的单价以及专业工程的金额。

（7）计日工　在施工过程中，完成发包人提出的施工图样以外的零星项目或工作，按合同中约定的综合单价计价。

（8）总承包服务费　总承包人为配合协调发包人进行的工程分包自行采购的设备、材料等进行管理、服务以及施工现场管理、竣工资料汇总整理等服务所需的费用。

（9）索赔　在合同履行过程中，对于非己方的过错而应由对方承担责任的情况造成的损失，向对方提出补偿的要求。

（10）现场签证　发包人现场代表与承包人现场代表就施工过程中涉及的责任事件所做的签认证明。

（11）企业定额　施工企业根据本企业的施工技术和管理水平而编制的人工、材料和施工机械台班等的消耗标准。

（12）规费　根据省级政府或省级有关权力部门规定必须缴纳的，应计入建筑安装工程造价的费用。

（13）税金　国家税法规定的应计入建筑安装工程造价内的营业税、城市维护建设税及教育费附加等。

（14）发包人　具有工程发包资格和支付工程价款能力的当事人以及取得该当事人资格的合法继承人。

（15）承包人　被发包人接受的具有工程施工承包主体资格的当事人以及取得该当事人资格的合法继承人。

（16）造价工程师　取得《造价工程师注册证书》，在一个单位注册从事建设工程造价活动的专业人员。

（17）造价员　取得《全国建设工程造价员资格证书》，在一个单位注册从事建设工程造价活动的专业人员。

（18）工程造价咨询人　取得工程造价咨询资质等级证书，接受委托从事建设工程造价咨询活动的企业。

（19）招标控制价　招标人根据国家或省级、行业建设主管部门颁发的有关计价依据和办法，按设计施工图样计算的，对招标工程限定的最高工程造价。

（20）投标价　投标人投标时报出的工程造价。

（21）合同价　发、承包双方在施工合同中约定的工程造价。

（22）竣工结算价　发、承包双方依据国家有关法律、法规和标准规定，按照合同约定确定的最终工程造价。

对于工程量清单编制、工程量清单计价、工程量清单计价表格等内容，将在后续内容中讲述。

第二节　工程量清单的编制

"工程量清单"是建设工程实行清单计价的专用名词，它表示的是实行工程量清单计价的建设工程的分部分项工程项目、措施项目、其他项目、规费项目和税金项目的名称和相应数量。

工程量清单是工程量清单计价的基础，应作为编制招标控制价、投标报价、计算工程量、支付工程款、调整合同价款、办理竣工结算以及工程索赔等的依据之一。

采用工程量清单方式招标时，工程量清单必须作为招标文件的组成部分，其准确性和完整性由招标人负责。

工程量清单应由具有编制能力的招标人或受其委托、具有相应资质的工程造价咨询人编制。

工程量清单由分部分项工程量清单、措施项目清单、其他项目清单、规费项目清单、税金项目清单、说明等组成。

一、分部分项工程量清单的编制

分部分项工程量清单项目设置以形成工程实体为原则，它是计量的前提。清单项目名称均以工程实体命名。所谓实体是指形成生产或工艺作用的主要实体部分，对附属或次要部分不设置项目，但项目必须包括完成或形成实体部分的全部内容。例如工业管道安装工程项目，实体部分指管道安装，完成这个项目还包括管道的刷油、隔热、清洗、除锈、试压、探伤检查等。尽管刷油、隔热等也是实体，但对管道安装而言，它们都属于附属项目。

对于既不能形成工程实体，又不能综合在某一个实物量中的个别工程项目，如通风空调工程、采暖工程、自动控制仪表工程、消防工程的系统调试项目，虽然没有形成工程实体，但它又是某些设备安装工程不可缺少的内容，没有这个过程便无法验收，也不能保证产品质量或工艺性能。因此，"计价规范"规定系统调试项目作为工程量清单项目单列。

分部分项工程量清单包括项目编码、项目名称、项目特征、计量单位和工程量，应由编制人根据"计价规范"附录中规定的项目编码、项目名称、项目特征、计量单位和工程量计算规则进行编制。编制清单时，编制人必须按"计价规范"的规定执行，不得因情况不同而变动。在设置清单项目时，以"计价规范"附录中项目名称为主体，考虑该项目的规格、型号、材质等特征要求，结合建设工程的实际情况，在清单中详细地反映出影响工程造价的主要因素。

"计价规范"附录 C 中分部分项工程量清单项目的内容是以表格的形式体现的。"计价规范"附录 C 样例见表 3-1。

表 3-1 低压管道（编码：030601）

项目编码	项目名称	项目特征	计量单位	工程量计算规则	工程内容
030601001	低压有缝钢管	1. 材质 2. 规格 3. 连接形式 4. 套管形式、材质、规格 5. 压力试验、吹扫、清洗设计要求 6. 除锈、刷油、防腐、绝热及保护层设计要求	m	按设计图示管道中心线长度以延长米计算，不扣除阀门、管件所占长度，遇弯管时，按两管交叉的中心线交点计算	1. 安装 2. 套管制作、安装 3. 压力试验 4. 系统吹扫 5. 系统清洗 6. 脱脂 7. 除锈、刷油、防腐 8. 绝热及保护层安装、除锈、刷油

1. 项目编码

项目编码是分部分项工程量清单项目名称的数字标识，"计价规范"对每一个分部分项工程量清单项目给定一个编码。项目编码按五级编码设置，用 12 位阿拉伯数字表示。其中一、二、三、四级为统一编码，有 9 位数字；第五级编码有 3 位，根据建设工程的工程量清单项目名称设置。各级编码代表的含义如下：

1）第一级表示分类码，为第一、二位。例如，建筑工程为 01，安装工程为 03。

2）第二级表示专业工程顺序码，为第三、四位。例如，0301 为安装工程的"机械设备工程"，0309 为安装工程的"通风空调工程"。

3）第三级表示分部工程顺序码，为第五、六位。例如，030901为通风空调设备及部件制作安装，030902为通风管道制作安装。

4）第四级表示分项工程项目名称顺序码，为第七、八、九位。例如，030901001为空气加热器安装，030901002为通风机安装。

5）第五级表示清单项目名称顺序码，为第十、十一、十二位。这一级由工程量清单编制人编制，从001开始，用于区别同一分部分项工程具有不同特征的项目。例如，030901001001和030901001002分别表示两台不同型号的空气加热器的安装。

同一招标工程的项目编码不得有重码。

对于"计价规范"附录中的缺项，编制人可做补充。补充项目填写在工程量清单相应分部工程之后，编码由顺序码与B和3位阿拉伯数字组成，并应从 * B001起顺序编制。工程量清单中需附有补充项目的名称、项目特征、计量单位、工程量计算规则、工程内容。

2. 项目名称

项目名称原则上以形成工程实体命名。如果有缺项，招标人可按相应的原则进行补充，并报当地工程造价管理部门备案。

3. 项目特征

项目特征是构成分部分项工程量清单项目自身价值的本质特征。项目特征是对项目的准确描述，是影响价格的因素，是设置具体清单项目的依据。项目特征按不同的工程部位、施工工艺或材料品种、规格等分别列项。

安装工程项目的特征主要体现在以下几个方面：

1）项目的本体特征。例如，项目的材质、型号、规格、品牌等。

2）安装工艺方面的特征。对于项目的安装工艺，有必要进行详细说明。例如，$DN \leqslant 100$的镀锌钢管采用螺纹联接，$DN > 100$的管道可采用法兰联接或卡套联接。

3）对工艺或施工方法有影响的特征。有些特征将直接影响到施工方法，从而影响到工程造价。例如，设备安装高度、室外地下管道工程地下水的有关情况等。

由表3-1可以看出，低压管道安装项目清单中，项目特征从材质、规格、连接形式、压力试验要求、绝热及保护层设计要求等方面作了详尽的表述。招标人编制工程量清单时，对项目特征的描述是非常关键的内容，必须加以重视。只有做到清单项目清晰、准确，才能使投标人全面、准确地理解招标人的工程内容和要求，做到计价有效。

项目特征中未描述到的其他特征可由清单编制人视项目具体情况而定，以准确描述清单项目为准。

4. 计量单位

计量单位采用基本单位，除各专业另有规定外，均按以下单位计量：

1）以质量计算的项目——t或kg（吨或千克）。

2）以体积计算的项目——m³（立方米）。

3）以面积计算的项目——m²（平方米）。

4）以长度计算的项目——m（米）。

5）以自然计量单位计算的项目——个、台、组、套等。

6）没有具体数量的项目——项、系统等。

以"吨"为单位的保留3位小数，第4位小数四舍五入；以"立方米"、"平方米""米"

为单位的保留 2 位小数，第 3 位小数四舍五入；以"个"、"台"等为单位的应取整数。

可以看出，工程量清单计价的计量单位不使用 $10m$、$10（m^2）$、$100kg$ 等扩大单位，这与定额计价有明显的不同（有特殊规定者除外）。

5. 工程量计算规则

分部分项工程量清单中所列工程量应按"计价规范"附录中规定的工程量计算规则计算，参见表 3-1。可以看出，清单项目的工程量计算规则是以实体安装就位的净尺寸（净数量）计算的，除另有说明外，所有清单项目的工程量都应以实体工程量为准，并以建成后的净值计算。在这一点上，与定额计价也有原则上的区别（定额计价是在净值的基础上考虑一定的损耗率来确定的）。所以，投标人投标报价时，应在单价中考虑施工中的各种损耗和需要增加的工程量。

6. 工程内容

工程内容是指完成该清单项目可能发生的具体工程，可供招标人确定清单项目和投标人投标报价参考。

工程内容中未列全的其他具体工程由投标人按招标文件或图样要求编制，以完成清单项目为准，综合考虑到报价中。

如果出现了在"计价规范"附录中没有列的工程内容，在清单项目描述中应予以补充，不能以"计价规范"附录中没有为理由而不予描述。描述不清容易引发投标人报价（综合单价）内容不一致，给评标和工程管理带来麻烦。

二、措施项目清单的编制

措施项目清单是为完成分项实体工程而必须采取的一些措施性方案的清单。措施项目分为通用措施项目和专业措施项目。通用措施项目主要有安全文明施工、二次搬运、夜间施工等，可按第 3 节中相关表格所列内容列项。专业措施项目可按"计价规范"附录 C 中规定的项目选择列项，见表 3-2。对于"计价规范"附录未列的项目，可根据工程实际情况补充。

表 3-2 专业措施项目一览表

序号	项目名称
1	组装平台
2	设备、管道施工的防冻和焊接保护措施
3	压力容器和高压管道的检验
4	焦炉施工大棚
5	焦炉烘炉、热态工程
6	管道安装后的充气保护措施
7	隧道内施工的通风、供水、供气、供电、照明及通信设施
8	现场施工围栏
9	长输管道临时水工保护措施
10	长输管道施工便道
11	长输管道跨越或穿越施工措施
12	长输管道地下穿越地上建筑物的保护措施
13	长输管道工程施工队伍调遣
14	格架式抱杆

措施项目中可以计算工程量的项目清单宜采用分部分项工程量清单的方式编制，列出项目编码、项目名称、项目特征、计量单位和工程量计算规则；不能计算工程量的项目清单，以"项"为计量单位。

三、其他项目清单的编制

其他项目清单宜按照下列内容列项：

1）暂列金额。暂列金额是招标人在工程量清单中暂定并包括在合同价款中的一笔款项。暂列金额虽包括在合同价之内，但并不直接属于承包人所有，而是由发包人暂定并掌握使用。

2）暂估价。暂估价包括材料暂估价、专业工程暂估价。

3）计日工。计日工的数量按完成发包人发出的计日工指令的数量确定，计日工的单价由投标人通过投标报价确定。

4）总承包服务费。总承包服务费是在工程建设的施工阶段实行施工总承包时，当招标人在法律、法规允许的范围内对工程进行分包和自行采购供应部分材料设备时，要求总承包人提供相关服务以及对施工现场进行协调和统一管理、对竣工资料进行统一汇总整理等所需的费用。

5）其他未列的项目可根据工程实际情况补充。

四、规费、税金项目清单的编制

规费、税金是政府和有关权力部门规定必须缴纳的费用。规费、税金项目清单应按照第3节相关表格列项。其他未列项目应根据省级政府或省级有关权力部门及税务部门的规定列项。

五、总说明

总说明应包括下列内容：

1）工程概况。工程概况包括建设规模、工程特征、计划工期、施工现场实际情况、自然地理条件、环境保护要求等。

2）工程招标和分包范围。

3）工程量清单编制依据。

4）工程质量、材料、施工等的特殊要求。

5）其他需要说明的问题。

第三节　工程量清单计价

工程量清单计价是指依据招标文件中的工程量清单，由投标人根据自身的技术装备水平、管理水平、施工组织措施、市场价格信息、行业成本水平等自主报价的一种报价模式。

通过工程量清单的统一提供，把构成工程造价的各项要素如人工费、材料费、机械费、管理费、措施费、利润等的定价权交给企业。

一、工程量清单计价的费用构成

采用工程量清单计价时，建设工程造价由分部分项工程费、措施项目费、其他项目费、规费和税金等五部分组成。

1. 分部分项工程费

分部分项工程费包括人工费、材料费、施工机械使用费、企业管理费和利润。其中，企业管理费包括管理人员工资、办公费、差旅交通费、固定资产使用费、工具用具使用费、劳动保险费、工会经费、职工教育经费、财产保险费、财务费、税金及其他费用。

2. 措施项目费

措施项目费包括安全文明施工费（含环境保护、文明施工个、安全施工、临时设施）、夜间施工费、二次搬运费、冬雨期施工费、大型机械设备进出场及安拆费、施工排水费、施工降水费、地上地下设施的临时保护设施费、已完工程及设备保护费、各专业工程的措施项目费等。

3. 其他项目费

其他项目费包括暂列金额、暂估价（包括材料暂估价、专业工程暂估价）、计日工、总承包服务费、其他（索赔、现场签证）等。

4. 规费

规费包括工程排污费、工程定额测定费、社会保障费（养老保险费、失业保险费、医疗保险费）、住房公积金、危险作业意外伤害保险费等。

5. 税金

税金包括营业税、城市维护建设税和教育费附加。

二、工程量清单计价的计算方法

1. 分部分项工程费的计算

"计价规范"规定分部分项工程量清单应采用综合单价计价。

综合单价是指完成一个规定计量单位的分部分项工程量清单项目或措施清单项目所需的人工费、材料费、机械费、企业管理费、利润以及一定范围内的风险费用。可以看出，综合单价包括了除规费、税金以外的全部费用。

分部分项工程量清单的综合单价应按设计文件或参照"计价规范"附录 C 中的工程内容确定。综合单价包括以下内容：

1）分部分项工程主项的一个清单计量单位的人工费、材料费、机械费、管理费和利润。

2）与该主项一个清单计量单位所组合的各辅助项目的人工费、材料费、机械费、管理费和利润。

3）不同条件下施工需增加的人工费、材料费、机械费、管理费和利润。

4）人工、材料、机械动态价格调整与相应的管理费、利润调整。

综合单价是依据招标文件、工程量清单、定额和合同条件等，参照"计价规范"规定的"工程量清单综合单价分析表"分析、计算确定的。综合单价的确定应从分部分项工程综合单价分析开始，分析表中的一行为一个清单项目，项目编码、项目名称、工作内容与分部分项工程量清单相同，人工费、材料费、机械费、管理费、利润均为单位价值。在进行分析、计算的时候，特别要注意清单对项目内容的描述，必须按描述的内容计算，不能漏掉辅项内容的费用，也不得随意增加辅项内容及费用。

确定了综合单价后，依据分部分项工程量清单中列出的工程量即可方便地计算出分部分项工程费：

$$分部分项工程费 = \sum (清单工程量 \times 综合单价)$$

在工程量清单计价中，分部分项工程费是以分部分项工程量清单与计价表的形式表现的。

2. 措施项目费的计算

措施项目清单计价应根据建设工程的施工组织设计，对可以计算工程量的措施项目，按分部分项工程量清单的方式采用综合单价计价；其余的措施项目可以以"项"为单位的方式计价，应包括除规费、税金外的全部费用。

措施项目清单中的安全文明施工费应按照国家或省级、行业建设主管部门的规定计价，不得作为竞争性费用。

措施项目费也是以措施项目清单与计价表的形式表现的。

招标人提出的措施项目清单是根据一般情况提出的，各投标人可根据本企业的实际情况，增加措施项目内容与报价。

3. 其他项目费的计算

其他项目费应根据工程特点，在工程实施过程中的不同阶段，按以下规定计价：

（1）招标控制价中的其他项目费计价

1）暂列金额应根据工程特点按有关计价规定估算。

2）暂估价中的材料单价应根据工程造价信息或参照市场价格估算；暂估价中的专业工程金额应分不同专业，按有关计价规定估算。

3）计日工应根据工程特点和有关计价依据计算。

4）总承包服务费应根据招标文件列出的内容和要求估算。

（2）投标价中的其他项目费报价

1）暂列金额应按招标人在其他项目清单中列出的金额填写。

2）材料暂估价应按招标人在其他项目清单中列出的单价计入综合单价；专业工程暂估价应按招标人在其他项目清单中列出的金额填写。

3）计日工按招标人在其他项目清单中列出的项目和数量，自主确定综合单价并计算计日工费用。

4）总承包服务费根据招标文件中列出的内容和提出的要求自主确定。

（3）竣工结算中的其他项目费计价

1）计日工应按发包人实际签证确认的事项计算。

2）暂估价中的材料单价应按发、承包双方最终确认价在综合单价中调整；专业工程暂估价应按中标价或发包人、承包人与分包人最终确认价计算。

3）总承包服务费应依据合同约定金额计算，如果发生调整，以发、承包双方确认调整的金额计算。

4）索赔费用应依据发、承包双方确认的索赔事项和金额计算。

5）现场签证费应依据发、承包双方签证资料确认单金额计算。

6）暂列金额应减去工程价款调整与索赔、现场签证金额计算，余额归发包人。

招标人在工程量清单中提供了暂估价的材料和专业工程属于依法必须招标的，由承包人和招标人共同通过招标确定材料单价与专业工程分包价。

若材料不属于依法必须招标的，经发、承包双方协商确认单价后计价。

若专业工程不属于依法必须招标的，由发包人、总承包人与分包人按有关计价依据进行计价。

4. 规费、税金的计算

规费是政府和有关权力部门规定必须缴纳的费用。税金是国家按照税法预先规定的标准，强制地、无偿地要求纳税人缴纳的费用。规费、税金作为工程造价的组成部分，其费用内容和计取标准都不是发、承包人能自主确定的，更不是由市场竞争确定的。规费、税金应按国家或省级、行业建设主管部门的规定计算，不得作为竞争性费用。

三、工程量清单计价的步骤

工程量清单计价过程可以描述为：在统一的工程量清单计算规则的基础上，制定工程量清单项目设置规则，根据具体工程的施工图样计算出各个清单项目的工程量，再根据工程造价信息和经验数据计算得到工程造价。其计价过程如图 3-1 所示。

工程量清单计价在不同的计价阶段分别有招标控制价计价、投标报价计价、施工结算价计价和竣工结算价计价。下面以投标报价为例叙述。

投标报价是在建设单位提供的工程量清单的基础上，企业根据自己所掌握的各种信息、资料，结合企业定额编制得出的。投标报价计价具体步骤为：

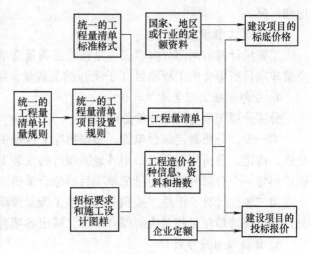

图 3-1 工程量清单计价过程示意图

1. 熟悉施工图

全面、系统地阅读图样是准确计算工程造价的重要工作。阅读时应注意以下几点：

1）按设计要求收集选用的标准图、大样图。

2）认真阅读设计说明，掌握安装设备的位置和尺寸、安装施工要求及特点。

3）对图中的错、漏以及表示不清的地方予以记录，以便在招标答疑时询问解决。

4）对施工图进行工程量的数量审查。招标文件要求投标单位核查工程量清单工程量数量时，投标单位应仔细核对，发现问题要及时澄清。

2. 研究招标文件

招标文件及合同有关条款是计算工程造价的重要依据，在招标文件和合同中对有关承、发包工程范围、内容、工程材料、期限、设备采购供应办法等都有具体规定，只有在计价时按规定进行，才能保证计价的有效性。因此，投标人拿到招标文件后，应从以下几方面仔细研究招标文件：

1）审查清单项目是否漏项。根据图样说明和选用的技术规范对工程量清单项目进行审查。

2）审查工程内容。根据技术要求和招标文件的具体要求，对工程需要增加的内容进行审查。

3）熟悉工程量清单。工程量清单是计算工程造价最重要的依据，在计价时必须全面了解每一个清单项目的特征描述，熟悉其所包含的工程内容，以便在计价时不漏项、不重复计算。

4）熟悉工程量计算规则。当综合单价采用定额进行单价分析时，对定额工程量计算规则的熟悉和掌握是快速、准确地进行单价分析的保证。

5）了解施工组织设计。施工组织设计或施工方案是施工单位针对具体工程编制的施工作业的指导性文件，其中对施工技术措施、安全措施、施工机械配置、是否增加辅助项目等，都应在工程计价的过程中予以注意。

6）了解分工情况。明确建设、施工单位双方在加工、订货方面的分工和设备、主材的来源情况。分工明确，计价才能清楚。主材、设备的型号、规格、质量、材质、品牌等对工程造价影响很大，因此，主材和设备的范围及有关内容需要发包人予以明确，必要时注明产地和厂家。

3. 计算工程量

工程量计算有两部分内容：一是核算工程量清单提供的工程量是否准确，二是计算每一个清单项目所组合的工程项目（子项）的工程量，以便进行单价分析。

4. 分部分项工程量清单计价

分部分项工程量清单计价分两步：

第一步，分析确定综合单价。根据招标文件提供的工程量清单项目逐个进行综合单价的分析、确定。分析依据可以采用各地区现行的安装工程综合定额，也可采用企业定额。逐项确定出每一个分部分项工程量清单项目的综合单价。

第二步，计算、汇总。按照分部分项工程量清单计价格式，将每个清单项目的工程数量分别乘以该清单项目相对应的综合单价，得出各项合价，再将各项合价汇总。

5. 措施项目清单计价

根据招标人提供的措施项目清单所列项目计价。清单项目与实际情况不完全相符时，投标人可做增减。

6. 其他项目费、规费、税金计价

逐项对其他项目费、规费、税金进行计算。

四、工程量清单计价表格

工程量清单与计价宜采用统一表格格式。"计价规范"列有工程量清单计价表格，各省、市、自治区建设行政主管部门和行业建设主管部门可根据本地区、本行业的实际情况，在"计价规范"所列计价表格的基础上补充完善。

1. 计价表格的组成

"计价规范"列出的计价表格包括：

（1）封面 封面包括：

1）工程量清单：封-1。

2）招标控制价：封-2。

3）投标总价：封-3。

4）竣工结算价：封－4。

几种封面的格式相近，投标总价——封－3 的样例如图 3-2 所示。

投标总价

招　标　人：＿＿＿＿＿＿＿＿＿＿＿＿＿＿＿＿＿＿

工程名称：＿＿＿＿＿＿＿＿＿＿＿＿＿＿＿＿＿＿

投标总价（小写）：＿＿＿＿＿＿＿＿＿＿＿＿＿＿＿＿

（大写）：＿＿＿＿＿＿＿＿＿＿＿＿＿＿＿＿

投　标　人：＿＿＿＿＿＿＿＿＿＿＿＿＿＿＿＿＿＿

（单位盖章）

法定代表人

或其授权人：＿＿＿＿＿＿＿＿＿＿＿＿＿＿＿＿＿

（签字或盖章）

编　制　人：＿＿＿＿＿＿＿＿＿＿＿＿＿＿＿＿＿＿

（造价人员签字盖专用章）

编制时间：　　年　　月　　日

图 3-2　封－3 投标总价

（2）总说明　总说明见表3-3。

表 3-3　总说明

工程名称：　　　　　　　　　　　　　　　　　　　　　　　　　　　　　　　　第　页　共　页

注：摘自《建设工程工程量清单计价规范》，下同。

（3）汇总表　各种汇总表包括：

1）工程项目招标控制价/投标报价汇总表，见表3-4。

表 3-4　工程项目招标控制价/投标报价汇总表

工程名称：　　　　　　　　　　　　　　　　　　　　　　　　　　　　　　　　第　页　共　页

序号	单项工程名称	金额/元	其　中		
			暂估价/元	安全文明施工费/元	规费/元
	合　计				

注：本表适用于工程项目招标控制价或投标报价的汇总。

2）单项工程招标控制价/投标报价汇总表，见表3-5。

表 3-5　单项工程招标控制价/投标报价汇总表

工程名称：　　　　　　　　　　　　　　　　　　　　　　　　　　　　　　　　第　页　共　页

序号	单位工程名称	金额/元	其　中		
			暂估价/元	安全文明施工费/元	规费/元
	合　计				

注：本表适用于单项工程招标控制价或投标报价的汇总。暂估价包括分部分项工程中的暂估价和专业工程暂估价。

3）单位工程招标控制价/投标报价汇总表，见表3-6。

表 3-6　单位工程招标控制价/投标报价汇总表

工程名称：　　　　　　　　标段：　　　　　　　　　　　　　　　　　　　　第　页　共　页

序号	汇总内容	金额/元	其中：暂估价/元
1	分部分项工程		
1.1			
1.2			
1.3			

（续）

序号	汇总内容	金额/元	其中：暂估价/元
2	措施项目		
2.1	安全文明施工费		
3	其他项目		
3.1	暂列金额		
3.2	专业工程暂估价		
3.3	计日工		
3.4	总承包服务费		
4	规费		
5	税金		
招标控制价合计 = 1 + 2 + 3 + 4 + 5			

注：本表适用于单位工程招标控制价或投标报价的汇总，如果没有单位工程划分，单项工程也使用本表汇总。

4）工程项目竣工结算汇总表，见表3-7。

表3-7 工程项目竣工结算汇总表

工程名称：   第　页 共　页

| 序号 | 单项工程名称 | 金额/元 | 其　中： | |
			安全文明施工费/元	规费/元
	合计			

5）单项工程竣工结算汇总表，见表3-8。

表3-8 单项工程竣工结算汇总表

工程名称：   第　页 共　页

| 序号 | 单位工程名称 | 金额/元 | 其　中： | |
			安全文明施工费/元	规费/元
	合计			

6）单位工程竣工结算汇总表，见表3-9。

（4）分部分项工程量清单表　分部分项工程量清单表包括：

1）分部分项工程量清单与计价表，见表3-10。

2）工程量清单综合单价分析表，见表3-11。

（5）措施项目清单表　措施项目清单表分两类：

1）措施项目清单与计价表（一），见表3-12。

表 3-9　单位工程竣工结算汇总表

工程名称：　　　　　　　标段：　　　　　　　　　　　　　　　　　第 页 共 页

序号	汇总内容	金额/元	其中：暂估价/元
1	分部分项工程		
1.1			
1.2			
1.3			
2	措施项目		
2.1	安全文明施工费		
3	其他项目		
3.1	专业工程结算价		
3.2	计日工		
3.3	总承包服务费		
3.4	索赔与现场签证		
4	规费		
5	税金		
竣工结算总价合计 = 1 + 2 + 3 + 4 + 5			

注：如果没有单位工程划分，单项工程也使用本表汇总。

表 3-10　分部分项工程量清单与计价表

工程名称：　　　　　　　标段：　　　　　　　　　　　　　　　　　第 页 共 页

序号	项目编码	项目名称	项目特征	计量单位	工程量	金额/元		
						综合单价	合价	其中：暂估价
本页小计								
合　计								

注：根据建设部、财政部发布的《建筑安装工程费用组成》（建标 [2003] 206 号）的规定，为计取规费等的使用，可在表中增设："直接费"、"人工费"或"人工费 + 机械费"。

表 3-11　工程量清单综合单价分析表

工程名称：　　　　　　　　　　　标段：　　　　　　　　　　　　　　第　页　共　页

项目编码		项目名称		计量单位	

清单综合单价组成明细

定额编号	定额名称	定额单位	数量	单价				合价			
				人工费	材料费	机械费	管理费和利润	人工费	材料费	机械费	管理费和利润

人工单价		小计	
元/工日		未计价材料费	

清单项目综合单价

材料费明细	主要材料名称、规格、型号	单位	数量	单价/元	合价/元	暂估单价	暂估合价
	其他材料费			—		—	
	材料费小计			—		—	

注：1. 如果不使用省级或行业建设主管部门发布的计价依据，可不填定额项目、编号等。

2. 招标文件提供了暂估单价的材料，按暂估的单价填入表内"暂估单价"栏及"暂估合价"栏。

表 3-12　措施项目清单与计价表（一）

工程名称：　　　　　　　　　　　标段：　　　　　　　　　　　　　　第　页　共　页

序号	项目名称	计算基础	费率（%）	金额/元
1	安全文明施工费			
2	夜间施工费			
3	二次搬运费			
4	冬、雨期施工			
5	大型机械设备进出场及安拆费			
6	施工排水			
7	施工降水			
8	地上、地下设施、建筑物的临时保护设施			
9	已完工程及设备保护			
10	各专业工程的措施项目			
11				
12				
合计				

注：1. 本表适用于以"项"计价的措施项目。

2. "计算基础"可为"直接费"、"人工费"或"人工费＋机械费"。

2) 措施项目清单与计价表（二），见表3-13。

表3-13 措施项目清单与计价表（二）

工程名称：　　　　　　　　　　　标段：　　　　　　　　　　　　　　　　　　第　页　共　页

序号	项目编码	项目名称	项目特征	计量单位	工程量	金额/元	
						综合单价	合价
本页小计							
合计							

注：本表适用于以综合单价形式计价的措施项目。

（6）其他项目清单表　其他项目清单表包括：

1) 其他项目清单与计价表，见表3-14。

表3-14 其他项目清单与计价表

工程名称：　　　　　　　　　　　标段：　　　　　　　　　　　　　　　　　　第　页　共　页

序号	项目名称	计量单位	金额/元	备注
1	暂列金额			明细详见表3-15
2	暂估价			
2.1	材料暂估价			明细详见表3-16
2.2	专业工程暂估价			明细详见表3-17
3	计日工			明细详见表3-18
4	总承包服务费			明细详见表3-19
合计				

注：材料暂估单价进入清单项目综合单价，此处不汇总。

2) 暂列金额明细表，见表3-15。

表3-15 暂列金额明细表

工程名称：　　　　　　　　　　　标段：　　　　　　　　　　　　　　　　　　第　页　共　页

序号	项目名称	计量单位	暂定金额/元	备注
合计				

注：此表由招标人填写，如果不能详列，也可只列暂定金额总额，投标人应将上述暂列金额计入投标总价中。

3）材料暂估单价表，见表3-16。

表3-16　材料暂估单价表

工程名称：　　　　　　　　标段：　　　　　　　　　　　　第　页　共　页

序号	材料名称、规格、型号	计量单位	单价/元	备注
合计				

注：1. 此表由招标人填写，并在备注栏说明暂估价的材料拟用在哪些清单项目上，投标人应将上述材料暂估单价计入工程量清单综合单价报价中。
　　2. 材料包括原材料、燃料、构配件以及按规定应计入建筑安装工程造价的设备。

4）专业工程暂估价表，见表3-17。

表3-17　专业工程暂估价表

工程名称：　　　　　　　　标段：　　　　　　　　　　　　第　页　共　页

序号	工程名称	工程内容	金额/元	备注
合计				

注：此表由招标人填写，投标人应将上述专业工程暂估价计入投标总价中。

5）计日工表，见表3-18。

表3-18　计日工表

工程名称：　　　　　　　　标段：　　　　　　　　　　　　第　页　共　页

编号	项目名称	单位	暂定数量	综合单价	合价
一	人工				
1					
2					
3					
人工小计					
二	材料				
1					
2					
3					
材料小计					

（续）

编号	项目名称	单位	暂定数量	综合单价	合价
三					
1					
2					
3					
施工机械小计					
总计					

注：此表项目名称、数量由招标人填写，编制招标控制价时，单价由招标人按有关计价规定确定；投标时，单价由投标人自主报价，计入投标总价中。

6）总承包服务费计价表，见表3-19。

表3-19　总承包服务费计价表

工程名称：　　　　　　　　标段：　　　　　　　　　　　　　　第　页　共　页

序号	项目名称	项目价值/元	服务内容	费率(%)	金额/元
1	发包人发包专业工程				
2	发包人供应材料				
合计					

7）索赔与现场签证计价汇总表，见表3-20。

表3-20　索赔与现场签证计价汇总表

工程名称：　　　　　　　　标段：　　　　　　　　　　　　　　第　页　共　页

序号	签证及索赔项目名称	计量单位	数量	单价/元	合价/元	签证及索赔依据
本页小计						
合计						

注：签证及索赔依据是指经双方认可的签证单和索赔依据的编号。

8）费用索赔申请（核准）表，见表3-21。

9）现场签证表，见表3-22。

（7）规费、税金项目清单与计价表　规费、税金项目清单与计价表见表3-23。

（8）工程款支付申请（核准）表　工程款支付申请（核准）表见表3-24。

表 3-21　费用索赔申请（核准）表

工程名称：　　　　　　　　标段：　　　　　　　　　　　　　　　编号：

致：　　　　　　　（发包人全称）
根据施工合同条款第　　条的约定，由于　　　　原因，我方要求索赔金额（大写）　　　元，（小写） 元，请予核准。 附：1. 费用索赔的详细理由和依据： 　　2. 索赔金额的计算： 　　3. 证明材料：   　　　　　　　　　　　　　　　　　　　　　　　承包人（章） 承包人代表 日期

复核意见：	复核意见：
根据施工合同条款第　　　条的约定，你方提出的费用索赔申请经复核： □ 不同意此项索赔，具体意见见附件。 □ 同意此项索赔，索赔金额的计算由造价工程师 　　复核。 　　　　　　　　监理工程师 　　　　　　　　日期	根据施工合同条款第　　　条的约定，你方提出的费用索赔申请经复核，索赔金额为（大写）　　　　　元， （小写）　　　元。 　　　　　　　　造价工程师 　　　　　　　　日期

审核意见：
  　　　　□ 不同意此项索赔。 　　　　□ 同意此项索赔，与本期进度款同期支付。   　　　　　　　　　　发包人（章） 　　　　　　　　　　发包人代表 　　　　　　　　　　日期

注：1. 在选择栏中的"□"内作标识"√"。

　　2. 本表一式 4 份，由承包人填报，发包人、监理人、造价咨询人、承包人各存 1 份。

表 3-22 现场签证表

工程名称：　　　　　　　　　标段：　　　　　　　　　　　　　　　　编号：

施工部位		日期	

致：　　　　　　　　　　　　　（发包人全称）

　　根据　　（指令人姓名）　　年　月　日的口头指令或你方　　（或监理人）　　年　月　日的书面通知，我方要求完成此项工作应支付价款金额为（大写）　　　　元，（小写）　　　　元，请予核准。

附：1. 签证事由及原因：

　　2. 附图及计算式：

承包人（章）

承包人代表

日期

复核意见：	复核意见：
你方提出的此项签证申请经复核：	□ 此项签证按承包人中标的计日工单价计算，金额为
□ 不同意此项签证，具体意见见附件。	（大写）　　　元，（小写）　　　元。
□ 同意此项签证，签证金额的计算由造价工程师复核。	□ 此项签证因无计日工单价，金额为（大写）　　　元，（小写）　　　元。
监理工程师	造价工程师
日期	日期

审核意见：

□ 不同意此项签证。

□ 同意此项签证，价款与本期进度款同期支付。

发包人（章）
发包人代表
日期

注：1. 在选择栏中的"□"内作标识"√"。

　　2. 本表一式 4 份，由承包人在收到发包人（监理人）的口头或书面通知后填写，发包人、监理人、造价咨询人、承包人各存 1 份。

表3-23　规费、税金项目清单与计价表

工程名称：　　　　　　　　　　　　标段：　　　　　　　　　　　　　　　　　第　页　共　页

序号	项目名称	计算基础	费率（%）	金额/元
1	规费			
1.1	工程排污费			
1.2	社会保障费			
（1）	养老保险费			
（2）	失业保险费			
（3）	医疗保险费			
1.3	住房公积金			
1.4	危险作业意外伤害保险			
1.5	工程定额测定费			
2	税金	分部分项工程费＋措施项目费＋其他项目费＋规费		
合计				

注："计算基础"可为"直接费"、"人工费"或"人工费＋机械费"。

表3-24　工程款支付申请（核准）表

工程名称：　　　　　　　　　　　　标段：　　　　　　　　　　　　　　　　　编号：

致：	（发包人全称）

　　我方于　　　至　　　期间已完成了　　　　工作，根据施工合同的约定，现申请支付本期的工程款额为（大写）　　　　元，（小写）　　　　　　元，请予核准。

序号	名　称	金额/元	备注
1	累计已完成的工程价款		
2	累计已实际支付的工程价款		
3	本周期已完成的工程价款		
4	本周期完成的计日工金额		
5	本周期应增加和扣减的变更金额		
6	本周期应增加和扣减的索赔金额		
7	本周期应抵扣的预付款		
8	本周期应减扣的质保金		
9	本周期应增加或减扣的其他金额		
10	本周期实际应支付的工程价款		

承包人（章）
承包人代表
日期

复核意见： □ 与实际施工情况不相符，修改意见见附件。 □ 与实际施工情况相符，具体金额由造价工程师复核。 　　　　　　　　　　监理工程师 　　　　　　　　　　日期	复核意见： 　　你方提出的支付申请经复核，本期已完成工程款额为（大写）　　　元，（小写）　　　元，本期间应支付金额为（大写）　　　元，（小写）　　　元。 　　　　　　　　　　造价工程师 　　　　　　　　　　日期

审核意见：
　　□ 不同意。
　　□ 同意，支付时间为本表签发后的15天内。

发包人（章）
发包人代表
日期

2. 计价表格的使用

在工程量清单编制和工程量清单计价的不同阶段，计价表格的使用及注意事项应符合以下规定：

（1）工程量清单编制阶段

1）使用表格。编制工程量清单时使用的表格包括封-1、表3-3、表3-10、表3-12至表3-19、表3-23。

2）封面。封面应按规定的内容填写、签字、盖章，造价员编制的工程量清单应有负责审核的造价工程师签字、盖章。

3）总说明。总说明应按下列内容填写：

① 工程概况。工程概况包括建设规模、工程特征、计划工期、施工现场实际情况、自然地理条件、环境保护要求等。

② 工程招标和分包范围。

③ 工程量清单编制依据。

④ 工程质量、材料、施工等的特殊要求。

⑤ 其他需要说明的问题。

（2）招标控制价、投标报价、竣工结算编制阶段

1）使用表格。

① 编制招标控制价时使用的表格，包括封-2、表3-3、表3-4、表3-5、表3-6、表3-10至表3-19、表3-23。

② 编制投标报价时使用的表格，包括封-3、表3-3、表3-4、表3-5、表3-6、表3-10至表3-19、表3-23。

③ 编制竣工结算价时使用的表格，包括封-4、表3-3、表3-7至表3-24。

2）封面。封面应按规定的内容填写、签字、盖章，除承包人自行编制的投标报价和竣工结算外，受委托编制的招标控制价、投标报价、竣工结算若为造价员编制的，应有负责审核的造价工程师签字、盖章以及工程造价咨询人盖章。

3）总说明。总说明应按下列内容填写：

① 工程概况。工程概况包括建设规模、工程特征、计划工期、合同工期、实际工期、施工现场及变化情况、施工组织设计的特点、自然地理条件、环境保护要求等。

② 编制依据等。

需要注意的是：工程量清单与计价表中列明的所有需要填写的单价和合价，投标人均应填写，未填写的单价和合价视为此项费用已包含在工程量清单的其他单价和合价中。

五、工程量清单计价与定额计价的区别

1）工程量的编制单位不同。

定额计价方法中，建设工程的工程量由招标单位和各投标单位分别按图样计算。由于对图样的理解不同或计算方法的不同，使得招标单位和各投标单位计算得出的工程量均不一致。

工程量清单计价中，工程量由招标单位统一计算或委托具有工程造价咨询资质的单位统一计算。这样，招标单位、各投标单位就可对同一个工程量进行计价。

2）编制依据不同。

定额计价是以施工图样、现行预算定额、费用定额、季度造价信息等为编制依据。

工程量清单计价是以招标文件中的工程量清单和有关要求、施工现场情况、企业定额、市场价格信息、施工方法等为编制依据。

3）表现形式不同。

定额计价多采用工程总价形式。

工程量清单计价采用综合单价形式。综合单价包括人工费、材料费、机械费、管理费、利润，并考虑风险因素。工程量发生变化时，综合单价一般不作调整。

4）计价方法不同。

定额计价是招标单位和投标单位按施工图样、预算定额、造价信息、费用定额，分别计算招标书的标底和投标书的报价。

工程量清单计价是招标单位给出工程量清单，投标单位根据工程量清单、企业定额、企业成本、企业自身的技术装备和管理水平，自主投标报价。

5）费用组成不同。

定额计价由直接费、间接费、利润和税金等费用组成。

工程量清单计价由分部分项工程费、措施项目费、其他项目费、规费、税金和风险因素而增加的费用组成。

6）项目编码不同。

定额计价的项目编码，采用现行预算定额中的子目编码，各省市采用不同的定额子目。

清单计价则要求实行全国统一的项目编码。例如，通风空调工程中100kg以下的空气加热器（冷却器）安装，河北省定额计价的子目编码为9—213，山东省定额计价的子目编码为9—384，而工程量清单计价的项目编码则为全国统一的030901001。

7）评标方法不同。

定额计价一般采用百分制评分法。

工程量清单计价多采用合理的低报价中标法，既要对总价进行评分，也要对综合单价进行分析评分。

8）合同价调整方式不同。

定额计价合同价调整方式有变更签证、定额解释、政策性调整。

工程量清单计价合同价调整方式主要是索赔。工程量清单的综合单价通过招标中报价的形式体现，中标后作为签订合同的依据相对固定下来，工程结算按承包商实际完成工程量乘以清单中相应的单价计算。

定额计价经常有定额解释及定额规定，结算中又有政策性文件调整等。工程量清单计价的单价不得随意调整。

第四章　通风空调安装工程造价

第一节　通风空调安装工程基础知识与施工图简介

一、通风与空调的基本概念

通风与空调工程可分为工业通风与空气调节两部分。

工业通风主要是对工业生产中出现的粉尘、高温、高湿及有害气体等进行控制。例如，通过自然通风或机械通风，把室内污浊的空气排出，将室外新鲜的空气送入，从而保持一个良好的生产环境。采用机械通风时，由送风机、通风道和调节阀、风口、消声器、滤尘器、连接软管等管件、部件构成通风系统。

工业通风一般只能改变室内空气的新鲜程度，不易改变室内空气的温度和湿度。为了得到人们要求的特定的空气环境，需要装置空气调节系统。

空气调节是由空气处理、空气输送、空气分配设备构成一个空调系统，在通风系统的基础上，通过加热器、表冷器、喷水室对空气进行冷却、加热、加湿、减湿、净化、干燥、减小噪声等处理，使工作、生活环境舒适，并满足生产工艺和生活环境的要求。

二、空调系统

空调系统按其特点不同有许多分类方法。下面按照空气处理的集中程度，介绍一些比较典型的空调系统。

1. 集中式空调系统

集中式空调系统的空气处理设备都集中布置在专用的空调机房内，各空调房间的冷（热）、湿负荷全部由经过处理的空气来承担，这种空调系统的特点是服务面积大，处理空气量多，便于集中管理。

（1）集中式空调系统的组成　集中式空调系统一般由冷、热源部分，自动调节部分，空气处理部分，空气输送部分及空气分配部分组成。

1）冷、热源部分用于向喷水室、表冷器、空气加热器等空气热湿处理设备提供完成空气处理过程所需的冷媒水或热水的冷源和热源，以带走空调房间产生的各种负荷，维持空调房间的温度要求。热源一般可与生产工艺设备和生活设施用热量同时考虑，选配产热量合适的锅炉，不必专门为空调系统配置锅炉房。冷源则是为冷却空气而专门为空调系统配置的，目前使用最多的是蒸气压缩式和吸收式制冷装置。

2）自动调节部分的主要功能是：在空调系统运行期间随时对其进行必要的调节，并在出现对设备安全不利的情况时进行保护，使空调房间的空气控制参数不受室内、外干扰量的影响，使空调系统能在经济、节能的条件下正常运行，保证设备的安全性。

3）空气处理部分包括空气过滤器、表冷器、加热器、加湿器、喷水室等热湿处理设备。该部分的作用是对空气进行净化和热湿处理，将室外新风及部分室内回风处理到设计要求的送风状态。

4）空气输送部分包括送、回风机，送、回风道，风量调节装置以及消声、防火等设备。

5）空气分配部分包括各种形式的送、回风口，用于合理地组织室内气流，使室内空气分布均匀，以利于保证空调环境质量的精度和均衡。送风口有侧向送风的格栅送风口、百叶送风口、喷射式送风口及设在顶棚上的散流器送风口、孔板送风口等多种。回风口主要有设于侧壁的金属网式回风口、设于地板上的散点式和隔栅式回风口等多种形式。

（2）集中式空调系统的分类　根据集中式空调系统处理的空气来源不同，可分为封闭式系统、直流式系统和混合式系统。

1）封闭式系统。封闭式系统处理的空气全部来自空调房间本身，没有室外空气补充，房间和空气处理设备之间形成了一个封闭环路，如图 4-1a 所示。这种系统冷、热消耗量最少，但卫生效果差。

2）直流式系统。直流式系统处理的空气全部来自室外。室外空气经处理后送入室内，然后全部排出室外，如图 4-1b 所示。该系统与封闭式系统具有完全不同的特点，适用于不允许采用回风的场合，如散发大量有害物的车间等。

3）混合式系统。混合式系统是采用一部分回风的系统。由上述两种系统可知，封闭式系统不能满足卫生要求，直流式系统经济上不合理，所以两者都只在特定情况下使用。在这种情况下，采用一部分回风的混合式系统对于一般的使用要求，既能满足卫生的要求，又经济合理，故应用最广泛，如图 4-1c 所示。

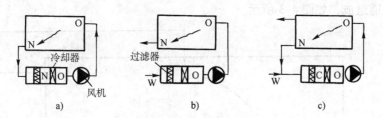

图 4-1　空调系统的分类
a）封闭式　b）直流式　c）混合式
N—室内空气状态　　W—室外空气状态　　C—混合空气状态　　O—处理后的空气状态

（3）集中式空调系统的工作原理　图 4-2 所示为集中式空调系统示意图。室外新鲜空气经新风口进入空气处理室，经过过滤器清除掉空气中的杂质，再经喷水室、表冷器或加热器等设备的处理，使空气达到设计要求的温度、湿度后，由送风机经风道系统送入各空调房间，吸收房间的余热、余湿后，自回风口经回风道排出室外。送入室内的空气可以全部采用室外新鲜空气，也可以部分采用新鲜空气，部分采用室内回风。一般情况下，后者可以节省空调系统的运行费用，所以，只要能满足室内的卫生要求，通常都采用后一种形式。

2. 半集中式空调系统

半集中式空调系统除了有集中的空气处理室外，在空调房间内还设有二次空气处理设备。这种对空气的集中处理和局部处理相结合的空调方式，克服了集中式空调系统空气处理量大，设备、风道断面面积大等缺点，具有局部空调系统便于独立调节的优点。常采用的半集中式空调系统为风机盘管半集中式空调系统（以下简称风机盘管空调系统）。

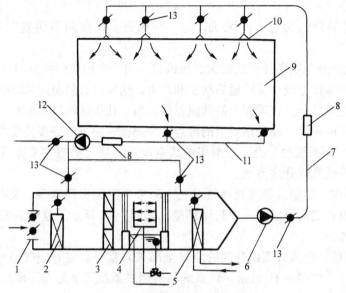

图 4-2 集中式空调系统示意图

1—新风调节阀 2—预热器 3—过滤器 4—喷水室
5—再热器 6—送风机 7—送风道 8—消声器 9—空调房间
10—送风口 11—回风道 12—回风机 13—风量调节法

（1）风机盘管空调系统的组成 风机盘管空调系统主要由风机盘管机组、新风机组、送风口和送风道组成，如图 4-3 所示。

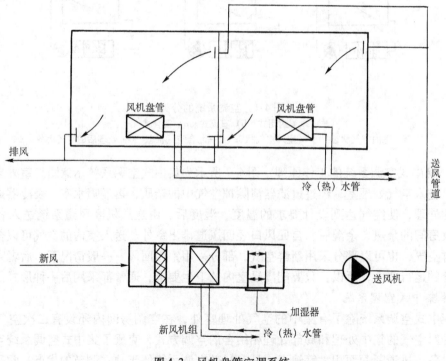

图 4-3 风机盘管空调系统

1）风机盘管机组。风机盘管机组的种类较多，一般分为立式、卧式两种；根据安装方式不同，有明装、暗装之分；根据出风方向不同，有顶出风、斜出风、前出风之分；根据回风方式不同，可分为下回风、后回风、带回风箱和不带回风箱多种。机组主要由风机、换热器、空气过滤器、电动机、温度控制装置等组成。风机盘管的工作原理，就是借助风机不断地循环室内空气，使之通过盘管而被冷却或加热，以保持房间所要求的温度和一定的相对湿度。

2）新风机组。新风机组是为风机盘管空调系统输送新风的一种集中式空气处理设备，机组内设有空气过滤器、空气加热器、表冷器、空气加湿器等各种空气热、湿处理设备及送风机、消声器等，将室外新风经过热、湿处理后，通过送风道送入各个空调房间，以满足空调房间的卫生要求。

（2）风机盘管水系统　风机盘管机组是靠冷源、热源来实现制冷、制热的，风机盘管水系统的功能就是输配冷、热流体，以满足末端设备或机组的负荷要求。

风机盘管水系统可分为开式系统和闭式系统两种形式，如图4-4所示。开式系统的末端水管是与大气相通的，闭式系统的水管则不与大气相通。在水泵的作用下，冷水或热水在风机盘管水系统内循环，完成制冷、制热过程。

（3）风机盘管机组新风供给方式　风机盘管机组新风供给方式如图4-5所示。

1）室外新风靠自然渗入，如图4-5a所示，风机盘管处理的基本上都是循环空气。该方式一次投资和运行费用较低，但室内卫生条件差，温度场不均匀，只适用于室内人员较少的情况。

2）墙洞引入新风直接进入机组，如图4-5b所示。该方式的新风量可以调节，适用于对室内空气参数要求不太严格的建筑物。

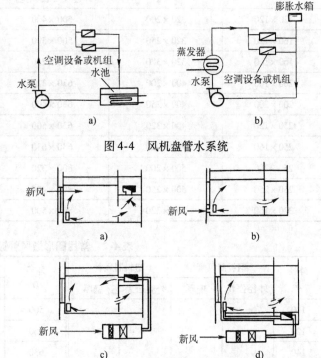

图4-4　风机盘管水系统

图4-5　风机盘管机组新风供给方式

3）由独立的新风系统供给室内新风。新风经新风机组处理到一定的状态参数后，由送风道系统直接送入空调房间（见图4-5c），或送入风机盘管空调机组（见图4-5d），使其与房间里的风机盘管共同担负空调房间的负荷。该方式提高了空调系统的调节和运转的灵活性，但投资较大，适用于对卫生条件要求较严格的建筑物。

3. 全分散式空调系统

全分散式空调系统也称局部式空调系统。这种系统有的把空气处理设备、冷热源和空气输送设备集中在一个箱体内，形成一个结构紧凑的空调机组，如窗式空调器；有的把空气处理设备、空气输送设备做成室内机组，把压缩冷凝部分做成室外机组，如分体式空调器。这种系统不设集中的机房，可以根据需要将机组灵活而分散地设置在各空调房间（或附近）。

三、通风管道、管件

1. 通风管道、管件

（1）通风管道的种类　按风道截面形状可分为矩形风管、圆形风管和方形风管；按材质不同可分为薄钢板风管、不锈钢板风管、铝板风管、玻璃钢风管、塑料风管等。

（2）通风管道的连接　按通风管安装方式可分为法兰联接和无法兰联接两种形式；按通风管制作方法可分为咬口连接和焊接两种方式。

（3）通风管道的规格　常用矩形通风管道规格见表4-1，常用圆形通风管道规格见表4-2。

表 4-1　常用矩形通风管道规格　　　　　　　　　（单位：mm）

外边长（长×宽）				
120×120	320×200	500×400	800×630	1250×630
160×120	320×250	500×500	800×800	1250×800
160×160	320×320	630×250	1000×320	1250×1000
200×160	400×200	630×320	1000×400	1600×500
200×200	400×250	630×400	1000×500	1600×630
250×120	400×320	630×500	1000×630	1600×800
250×160	400×400	630×630	1000×800	1600×1000
250×200	500×200	800×320	1000×1000	1600×1250
250×250	500×250	800×400	1250×400	2000×800
320×160	500×320	800×500	1250×500	2000×1000

表 4-2　常用圆形通风管道规格　　　　　　　　　（单位：mm）

外径 D	钢板制风管		塑料制风管		外径 D	钢板制风管		塑料制风管	
	外径公差	壁厚	外径公差	壁厚		外径公差	壁厚	外径公差	壁厚
100					500				
120					560				4.0
140					630				
160		0.5			700				
180					800		1.0		
200				3.0	900				5.0
220	±1		±1		1000	±1		±1.5	
250					1120				
280					1250				
320		0.75			1400				6.0
360					1600		1.2~1.5		
400				4.0	1800				
450					2000				

（4）通风管道管件　通风管道管件有三通、弯头、变径管、天圆地方、帆布软管等。

2. 通风管道、管件制作安装的常用材料

在通风管道、管件的制作安装中常用的材料有：

（1）薄钢板　薄钢板是制作通风管道和部件的主要材料，一般用的有普通薄钢板和镀锌薄钢板。它的规格是以短边、长边和厚度来表示。常用的薄钢板厚度为 0.5～4mm，规格为 900mm×1800mm 和 1000mm×2000mm。厚度为 0.5～1.2mm 的薄钢板可以咬口联接，厚度为 1.5mm 以上者不便咬口，常采用焊接。

1）普通薄钢板。普通薄钢板有板材和卷材两种，它有较好的加工性能和较高的机械强度，价格便宜。薄钢板规格见表 4-3。

表 4-3　薄钢板规格

厚度/mm	尺寸长×宽/mm×mm				
	710×1420	750×1500	750×1800	900×1800	1000×2000
	每张质量/kg				
0.50	3.96	4.42	5.30	6.36	7.85
0.55	4.35	4.86	5.83	6.99	8.64
0.60	4.75	5.30	6.36	7.63	9.42
0.65	5.15	5.74	6.89	8.27	10.20
0.70	5.54	6.18	7.42	8.90	10.99
0.75	5.94	6.62	7.95	9.54	11.78
0.80	6.33	7.06	8.48	10.17	12.56
0.90	7.12	7.95	9.54	11.44	14.13
1.00	7.91	8.83	10.60	12.72	15.70
1.10	8.70	9.71	11.66	13.99	17.27
1.20	9.50	10.60	12.72	15.26	18.84
1.30	10.29	11.48	13.73	16.53	20.41
1.40	11.08	12.36	14.81	17.80	21.98
1.50	11.87	13.25	15.90	19.07	23.55
1.60	12.66	14.13	16.96	20.35	25.12
1.80	14.24	15.90	19.08	22.80	28.26
2.00	15.83	17.66	21.20	25.43	31.40

2）镀锌薄钢板。镀锌薄钢板厚度一般为 0.5～1.5mm，长、宽尺寸与普通薄钢板相同。镀锌薄钢板表面有保护层，可防腐蚀，一般不需刷漆。它多用于防酸、防潮湿的风管系统。

（2）不锈钢板和铝板

1）不锈钢板。常用不锈钢板有格镍钢板和铬镍钛钢板等。厚度 0.8mm 以上者采用焊接，最好采用氩弧焊，厚度大于 1.2mm 者，也可采用普通直流电焊机焊接，一般不用气焊；厚度 0.8mm 以下者可采用咬口联接。

2）铝板。铝板分为纯铝板和铝合金板两种。厚度小于 1.5mm 者可以咬口联接，大于 1.5mm 者可以焊接。由于铝板质软，碰撞不易出现火花，因此多用作有防爆要求的通风管道。

（3）塑料复合钢板　在普通钢板上面粘贴或喷涂一层塑料薄膜，就成为塑料复合钢板。它的特点是耐腐蚀，弯折、咬口、钻孔等的加工性能较好。塑料复合钢板常用于空气洁净系统及温度在 −10～+70℃ 范围内的通风与空调系统。用复合钢板制作风管时，不能焊接，只能用铆接和咬口连接。塑料复合钢板的规格有 450mm×1800mm、500mm×2000mm、

1000mm × 2000mm 等。

（4）型钢 型钢包括角钢、扁钢、圆钢、槽钢等。在通风空调工程中，型钢常用来制作法兰、支架、抱箍等。

1）扁钢。扁钢用作小法兰、抱箍、加固框及风帽支撑等。常用扁钢规格见表4-4。

表4-4 常用扁钢规格

厚/mm ＼ 宽/mm	理论质量/（kg/m）										
	10	14	18	22	25	28	32	36	40	45	50
3	0.24	0.33	0.42	0.52	0.59	0.66	0.75	0.85	0.94	1.06	1.18
4	0.31	0.44	0.57	0.69	0.79	0.88	1.01	1.13	1.26	1.41	1.57
5	0.39	0.55	0.71	0.86	0.98	1.10	1.25	1.41	1.57	1.73	1.96
6	0.47	0.66	0.85	1.04	1.18	1.32	1.50	1.69	1.88	2.12	2.36
7	0.55	0.77	0.99	1.21	1.37	1.54	1.76	1.97	2.20	2.47	2.95
8	0.63	0.88	1.13	1.38	1.57	1.76	2.01	2.26	2.51	2.83	3.14

2）角钢。角钢主要用于支架、加固框、法兰的制作。常用等边角钢规格见表4-5。

表4-5 常用等边角钢规格

尺寸/mm		理论质量 /（kg/m）	尺寸/mm		理论质量 /（kg/m）
b	d		b	d	
20	3	0.887	45	3	2.081
	4	1.146		4	2.733
				5	3.369
22	3	0.985	50	3	2.324
	4	1.270		4	3.054
				5	3.769
25	3	1.123	56	3.5	3.023
	4	1.460		4	3.438
				5	4.274
28	3	1.269	63	4	3.896
30	4	1.780		5	4.814
				6	5.720
32	3	1.463	70	4.5	4.870
	4	1.911		5	5.380
				6	6.395
				7	7.392
36	3	1.651	75	5	5.977
	4	2.162		6	6.885
40	3	1.846		7	7.964
	4	2.419		8	9.024

注：b—边宽；d—边厚。

3）圆、方钢。圆、方钢用来做吊杆和螺栓。

4）槽钢。槽钢用来做风管的托架及设备的支架。常用槽钢规格见表4-6。

表4-6　常用槽钢规格

型号	尺寸/mm			理论质量/(kg/m)
	h	b	d	
5	50	37	4.5	5.44
6.3	63	40	4.8	6.63
6.5	65	40	4.8	6.7
8	80	43	5.0	8.01
10	100	48	5.3	10.00
12	120	53	5.5	12.06
12.6	126	53	5.5	12.37
16	160	65	8.5	19.74
18	180	70	9.0	22.99
20	200	75	9.0	25.77
22	220	79	9.0	28.45

注：h—高；b—宽；d—厚。

（5）紧固件　紧固件包括通风与空调设备与支架联接用螺栓，法兰联接螺栓和垫圈，风管与部件、法兰联接用铆钉等。

1）螺栓和垫圈。螺栓和垫圈有精制和粗制两种，通风空调工程施工中多用粗制螺栓。垫圈有平垫圈和弹簧垫圈，受振动的地方用弹簧垫圈。

2）铆钉。铆钉有铁铆钉和铝铆钉两种。常用的铁铆钉有平头和半圆头，铝铆钉有击芯铆钉和抽芯铆钉。

击芯铆钉和抽芯铆钉在通风工程上用作一种单面铆接的紧固件。击芯铆钉要用锤子紧固，抽芯铆钉要用拉铆枪作业。抽芯铆钉有 F 型、K 型，F 型抽芯铆钉水密性、气密性较好，其规格见表4-7。

表4-7　F 型抽芯铆钉规格

铆钉规格尺寸 $D \times L$/mm × mm	钻孔直径 /mm	铆接板厚度 /mm	抗拉极限 /（kN/只）	抗剪极限 /（kN/只）
4×6.5		1		
4×8.5		3		
4×10.5	4.1	5	2500	1500
4×13.5		8		
4×16		10.5		
5×8		2.5		
5×10.5		5		
5×13		7.5		
5×15.5	5.1	10	3000	2000
5×18		12		
5×23		17		
5×28		27		

注：D—铆钉直径；L—铆钉长度。

四、通风部件

通风部件是通风系统的重要组成部分，通风部件的制作与安装也是通风空调安装工程预算的重要工程项目。

通风部件包括：

（1）风口　如矩形风口、百叶风口、插板风口、散流器等。

（2）阀门　如插板阀、蝶阀、止回阀、调节阀等。

（3）消声器、风帽及风罩等。

五、通风空调安装工程施工图简介

通风空调安装工程施工图是编制作安装装工程预算的重要依据。所以预算编制人员也应熟悉、了解施工图，并应能熟练识读施工图。

1. 施工图的组成

施工图由平面图、剖面图、系统轴测图、详图、施工说明等几部分组成。

2. 通风空调工程常用图例表示法

通风空调工程常用图例符号见表4-8。

表4-8　通风空调工程常用图例符号

序号	名称	图例	附注
1	散热器及手动放气阀		左为平面图画法，中为剖面图画法，右为系统图、Y轴侧图画法
2	散热器及控制阀		左为平面图画法，右为剖面图画法
3	轴流风机		
4	离心风机		左为左式风机，右为右式风机
5	水泵		左侧为进水，右侧为出水
6	空气加热、冷却器		左、中分别为单加热、单冷却，右为双功能换热装置
7	板式换热器		
8	空气过滤器		左为粗效，中为中效，右为高效
9	电加热器		

（续）

序号	名称	图　　例	附　　注
10	加湿器		
11	挡水板		
12	窗式空调器		
13	分体空调器		
14	风机盘管		可标注型号，如：FP-5
15	减振器		左为平面图画法，右为剖面图画法
16	砌筑风、烟道		
17	带导流片弯头		
18	消声器消声弯管		
19	插板阀		
20	天圆地方		左接矩形风管，右接圆形风管
21	蝶阀		
22	对开多叶调节阀		左为手动，右为电动
23	风管止回阀		
24	三通调节阀		

（续）

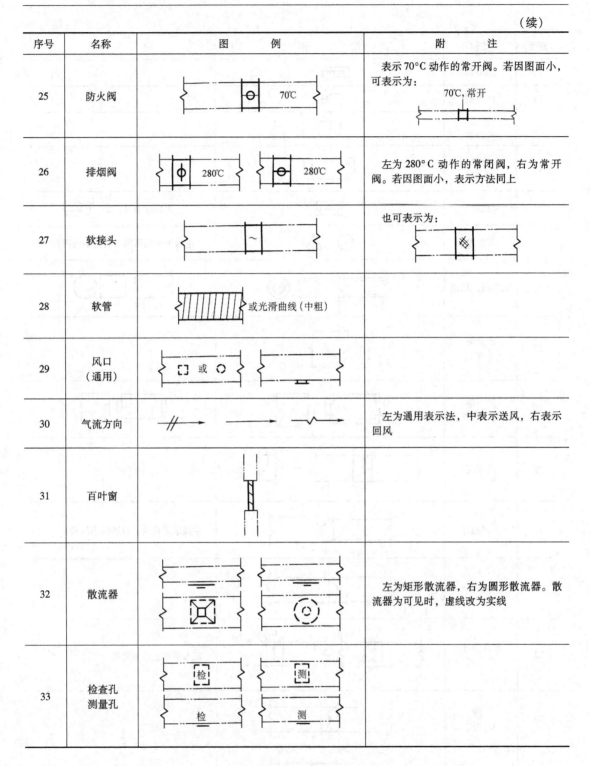

序号	名称	图　例	附　注
25	防火阀		表示70℃动作的常开阀。若因图面小，可表示为：70℃,常开
26	排烟阀		左为280℃动作的常闭阀，右为常开阀。若因图面小，表示方法同上
27	软接头		也可表示为：
28	软管		或光滑曲线（中粗）
29	风口（通用）		
30	气流方向		左为通用表示法，中表示送风，右表示回风
31	百叶窗		
32	散流器		左为矩形散流器，右为圆形散流器。散流器为可见时，虚线改为实线
33	检查孔测量孔		

3. 平面图

平面图主要表示以下内容：

1）房间的平面布置，各中心线、各系统距墙、柱的尺寸。

2）空调器、通风机、管道系统、送风口、排风口、各种调节阀、除尘器、消声器和防火阀等的位置。

3）各系统注明规格尺寸，方风管用长×宽表示，圆风管用直径 Φ 表示，在线旁用符号和数字标注；同时对各系统进行编号，并在平面上注明气流方向。

4）通风管道可用单线绘制，也可用双线绘制。用双线绘制时，应用点画线画出管道中心线。

4. 剖面图

剖面图在建筑施工图上可表示楼层高度，在安装施工图上能表示设备、风管的相互位置和标高，其中圆风管的标高指管中心，矩形风管的标高指底边。

对于复杂系统的部位要增加局部剖面图，以利于表达清楚。

5. 轴测图

轴测图又称系统透视图。该图立体感强，对于水管、风管系统的走向、高低、转弯等可一目了然。同时，也可通过轴测图掌握设备、阀件等的规格、型号、数量等情况。

风管系统的轴测图也分单线图和双线图。双线图是把整个风管系统（包括设备、风管和部件）全用轴测图投影方法绘制，如图 4-6 所示；单线图是用一条线来表示风管系统，对系统中的设备、部件用简单外形表示。在轴测图中也有风管系统编号以及各种部件的图例符号、名称、规格、型号等。

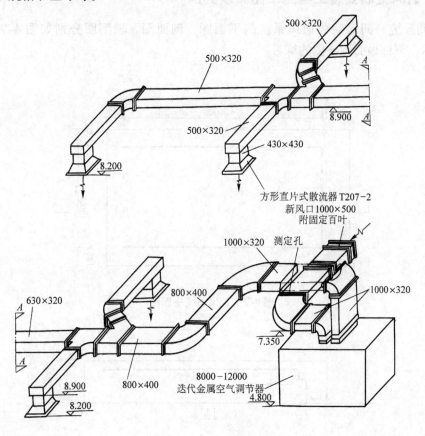

图 4-6　空调系统轴测图

6. 大样图

大样图是通风与空调标准图册中的一种设备或部件的构造图。在标准图册中包括的设备和部件的种类繁多，可根据施工图的要求进行选择。

识读大样图时，首先弄清各视图之间的关系，然后根据工艺流程的要求，了解大样图的构造和部件的装配情况，并顺着空气流动的方向逐步识读，直到全部掌握它的结构、性能以及安装要求等。

7. 识读通风空调安装工程施工图

1）根据施工图目录查清图样是否齐全（包括平面图、剖面图、大样图、轴测图及施工说明等）。

2）初读设计说明书和平面图、剖面图、轴测图，并核对设备、材料表与图示的数量、规格、型号是否相符合。

3）了解风管系统的设备、管路及部件的规格、尺寸，在各种图示中是否有不一致的地方。

4）精读平面图、剖面图、轴测图和大样图，弄清它们之间的关系和相互交接的地方，如标高、位置、规格、尺寸及气体流向、工艺流程等。从而对整套施工图有一个系统、明确的了解。

六、通风空调安装工程施工图阅读实例

某空调系统一间房间的通风系统的平面图、剖面图、轴测图分别如图 4-7、图 4-8、图 4-9 所示，下面做阅读该图的练习。

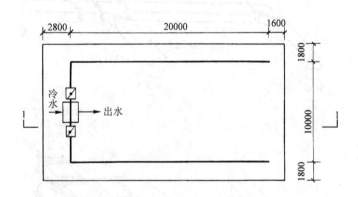

图 4-7　通风系统平面图

图 4-8　通风系统剖测图

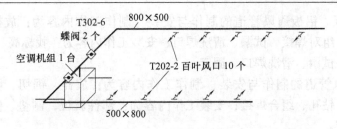

图 4-9　通风系统轴测图

阅读通风空调安装工程施工图，应将平面图、剖面图和轴测图结合起来阅读。可先看轴测图，对通风系统组成的主要设备、管道有一个大概的了解，如该通风系统有多少设备、阀件，主要管道的走向，设备、阀件与管道的相互关系等；然后在平面图上找出主要设备、管道的平面位置、长度尺寸、间距及剖切线位置等；最后从剖面图上看管道、设备的标高及相关尺寸。这样，反复几次，即可了解该通风系统的具体设计情况。

从图 4-9 轴测图上，可以看出该通风系统有 1 台＊＊空调机组，2 个 T302—6 矩形蝶阀，10 个 T202—2 百叶风口，风管是 800×500 的矩形风管，分两路供出，两个蝶阀分别进行风量控制；从图 4-7 平面图上可知，空调房间的平面尺寸为 24.4m×13.6m，水平风管的总长度为 50m，分为长度相等的两路，风管距墙分别为 2.8m、1.8m、1.6m；根据图 4-8 剖面图可以知道，空调房间的高度为 4.3m，风管的安装高度为 3.3m，空调器的高度为 2.3m，冷冻水是从空调器的下方进、上方出。

第二节　通风空调安装工程预算定额

通风空调安装工程主要执行《全国统一安装工程预算定额》第九册《通风空调工程》。该册定额适用于新建、扩建的工业与民用通风空调工程。

一、定额内容

第九册《通风空调工程》预算定额按 14 个分部工程分为 14 章。将相接近的内容概括起来，分为以下六部分。

1. 通风管道的制作与安装

通风管道的制作与安装根据制作通风管道使用的材料不同，可分为以下几种：

（1）薄钢板通风管道的制作与安装　制作工作内容为：放样、下料、卷圆、折方、轧口、咬口，制作直管、管件、法兰、吊托支架，钻孔、铆焊、上法兰、组对；安装工作内容为：找标高、打支架墙洞、配合预留孔洞、埋设吊托支架，组装、使风管就位、找平、找正，制垫、垫垫、上螺栓、紧固部件等。

（2）净化通风管道的制作与安装　制作工作内容为：放样、下料、折方、轧口、咬口，制作直管管件、法兰、吊托支架，钻孔、铆焊、上法兰、组对，给口缝外表面涂密封胶，清洗风管内表面，给风管两端封口；安装工作内容为：找标高、找平、找正，配合预留孔洞、打支架墙洞、埋设支吊架，使风管就位、组装、制垫、垫垫、上螺栓、紧固部件，风管内表面清洗，封闭管口，给法兰口涂密封胶。

（3）不锈钢板、铝板通风管道的制作与安装　制作工作内容为：放样、下料、卷圆、折方，制作管件，组对焊接、试漏、清洗焊口；安装工作内容为：找标高、清理墙洞、就位风管、组对焊接、试漏、清洗焊口、固定。

（4）塑料通风管道的制作与安装　制作工作内容为：放样、锯切、坡口、加热成型，制作法兰、管件，钻孔、组合焊接；安装工作内容为：部件就位，制垫、垫垫，法兰联接，找正、找平、固定。

（5）玻璃钢通风管道的安装　安装工作内容为：找标高、打支架墙洞、配合预留孔洞、制作及埋设吊拖支架，配合修补风管（定额规定由加工单位负责修补）、粘接、组装就位，找平、找正，制垫、垫垫、上螺栓、紧固等。

（6）复合型风管的制作与安装　制作工作内容为：放样、切割、开槽、成型、粘合、制作管件、钻孔、组合；安装工作内容为：就位、制垫、垫垫、连接、找正、找平、固定。

2. 通风管道部件的制作与安装

（1）调节阀的制作与安装　制作工作内容为：放样、下料，制作短管、阀板以及法兰、零件，钻孔、铆焊、组合成型；安装工作内容为：号孔、钻孔、对口、校正、制垫、垫垫、上螺栓、紧固、试动。

（2）风口的制作与安装　制作工作内容为：放样、下料、开孔，制作零件、外框、叶片、网框、调节板、拉杆、导风板、弯管、天圆地方、扩散管、法兰，钻孔、铆焊、组合成型；安装工作内容为：对口、上螺栓、制垫、垫垫、找正、找平、固定、试动、调整。

（3）消声器的制作与安装　制作工作内容为：放样、下料、钻孔，制作内外套管、木框架、法兰，铆焊、粘贴，填充消声材料，组合；安装工作内容为：组对、安装、找正、找平、制垫、垫垫、上螺栓、固定。

1）全钢制消声弯头的制作与安装。制作工作内容为：下料、剪切、扎口、板边组成法兰制作安装、导流片穿孔制作、组成、填充、焊钉、焊锡等全部操作过程；安装工作内容为：现场查对编号，吊托架制作、安装、搬运就位，法兰联接等全部操作过程。

2）木框式消声弯头的制作与安装。制作工作内容为：放样、下料，制作弯头、法兰，铆焊、制作木框架、填充消声材料、组合等全部工序；安装工作内容为：安装、找正、垫垫、上螺栓、固定。

（4）净化通风管部件的制作与安装　制作工作内容为：放样、下料，制作零件、法兰，预留预埋，钻孔、铆焊、制作、组装、擦洗；安装工作内容为：测位、找平、找正，制垫、垫垫、上螺栓、清洗。

（5）高、中、低效过滤器、净化工作台、风淋室的安装　工作内容为：开箱检查、配合钻孔，垫垫、口缝涂密封胶、试装、正式安装。

（6）不锈钢风管部件及铝管风管部件的制作与安装　制作工作内容为：下料、平料、开口、钻孔、组对、铆焊、攻螺纹、清洗焊口、组装固定，试动、试漏；安装工作内容为：制垫、垫垫、找平、找正、组对、固定、试动。

（7）玻璃钢风管部件的安装　工作内容为：组对、组装、就位、找平、找正、制垫、垫垫、上螺栓、紧固。

3. 通风空调设备的安装

安装工作内容为开箱检查设备、附件、地脚螺栓，吊装、找平、找正、垫垫、灌浆、固定螺栓、安装梯子。

4. 空调部件及设备支架的制作与安装

（1）金属空调器壳体的制作与安装　制作工作内容为：放样、下料、调直、钻孔，制作箱体、水槽，焊接、组合、试装；安装工作内容为：就位、找平、找正，联接、固定、表面清理。

（2）挡水板的制作与安装　制作工作内容为：放样、下料，制作曲板、框架、底座、零件，钻孔、焊接、成型；安装工作内容为：找平、找正、上螺栓、固定。

（3）滤水器、溢水盘的制作与安装　制作工作内容为：放样、下料、配置零件、钻孔、焊接、上网、组合成型；安装工作内容为：找平、找正，焊接管道、固定。

（4）密闭门的制作与安装　制作工作内容为：放样、下料，制作门框、零件，开视孔，填料、铆焊组装；安装工作内容为：找正、固定。

（5）设备支架的制作与安装　制作工作内容为：放样、下料、调直、钻孔、焊接、成型；安装工作内容为：测位、上螺栓、固定、打洞、埋支架。

（6）电子水处理仪的安装　安装工作内容为：压力试验，解体检查及研磨，安装，垂直运输。

（7）塑料软接头、不锈钢软接头的安装　安装工作内容为：切管、套螺纹、安装、压力试验。

5. 风帽的制作与安装

制作工作内容为：放样、下料、咬口，制作法兰、零件，钻孔、铆焊、组装；安装工作内容为：安装、找平、找正、制垫、垫垫、上螺栓、固定。

6. 罩类的制作安装

制作工作内容为：放样、下料、卷圆，制作罩体、来回弯、零件及法兰，钻孔、铆焊、组合成型；安装工作内容为：埋设支架、吊装、对口、找正、制垫、垫垫、上螺栓，固定配重环及钢丝绳、试动调整。

二、定额系数

1. 脚手架搭拆费系数

脚手架搭拆费系数是3%，脚手架搭拆费的计费基数为"人工费"，其中人工工资占25%。

2. 高层建筑增加费系数

高层建筑增加费系数按表4-9确定，高层建筑增加费的计费基数为"人工费"，全部计入人工工资。

表4-9　高层建筑增加费系数

层数	9 层以下（30m）	12 层以下（40m）	15 层以下（50m）	18 层以下（60m）	21 层以下（70m）	24 层以下（800m）	27 层以下（900m）	30 层以下（100m）	33 层以下（110m）
按人工费的百分数（%）	1	2	3	4	5	6	8	10	13

（续）

层数	36 层以下 (120m)	39 层以下 (130m)	42 层以下 (140m)	45 层以下 (150m)	48 层以下 (160m)	51 层以下 (170m)	54 层以下 (180m)	57 层以下 (190m)	60 层以下 (200m)
按人工费的百分数（%）	16	19	22	25	28	31	34	37	40

3. 超高增加费系数

超高增加费系数为 15%，超高增加费计费基数为"超高部分人工费"。

4. 系统调整费系数

系统调整费系数为 13%，系统调整费计费基数为"人工费"，其中人工工资占 25%。

5. 安装与生产同时进行增加费的系数

安装与生产同时进行增加费的系数为 10%，安装与生产同时进行增加费的计费基数为"人工费"，全部计入人工工资。

6. 在有害身体健康环境中施工增加费系数

在有害身体健康环境中施工增加费系数为 10%，在有害身体健康环境中施工增加费的计费基数为"人工费"，全部计入人工工资。

7. 其他系数

其他系数还有：

（1）薄钢板通风管道制作安装

1）在整个通风系统设计采用渐缩管均匀送风者，圆形风管按平均直径，矩形风管按平均周长执行相应规格项目，其人工乘以系数 2.5。

2）制作空气幕送风管时，按矩形风管平均周长执行相应风管规格项目，其人工乘以系数 3，其余不变。

（2）空调部件及设备支架制作安装

1）保温钢板密闭门执行钢板密闭门项目，其材料乘以系数 0.5，机械乘以系数 0.45，人工不变。

2）玻璃挡水板执行钢板挡水板相应项目，其材料、机械均乘以 0.45，人工不变。

（3）不锈钢板通风管道及部件制作安装　风管凡以电焊考虑的项目，如果需使用氩弧焊，其人工乘以系数 1.238，材料乘以系数 1.163，机械乘以系数 1.673。

（4）铝板通风管道及部件制作安装　风管凡以电焊考虑的项目，如果需使用手工氩弧焊，其人工乘以系数 1.154，材料乘以系数 0.852，机械乘以系数 9.242。

（5）刷油、绝热、防腐蚀

1）薄钢板风管刷油按其工程量执行相应项目，仅外或内面刷油者，定额基价乘以系数 1.2；内、外均刷油者，定额基价乘以系数 1.1（其法兰加固框、吊、托支架已包括在此系数内）。

2）薄钢板部件刷油按其工程量执行金属结构刷油项目，定额基价乘以系数 1.15。

3）绝热保温材料不需粘结者，执行相应项目时需减去其中的粘接材料，人工乘以系数 0.5。

三、工程量计算规则

(一) 通风管道的制作与安装

1. 通风管道

通风管道是通风系统的重要组成部分，也是通风安装工程施工图预算的主要部分。通风管按形状可分为圆形风管、矩形风管；按材料可分为薄钢板风管、不锈钢板风管、铝板风管、塑料风管、复合钢管风管等；按连接方法可分为咬口、焊接两类。

2. 通风管道工程量计算规则

1) 各种形状、各种材质的风管均按图注不同规格以展开面积计算。圆形风管展开面积为圆周长乘以管道中心线长度，矩形风管为风管周长乘以管道中心线长度。整个通风系统设计采用渐缩管均匀送风者，圆形风管按平均直径、矩形风管按平均周长计算。管道上送风口、吸风口、检查孔、测定孔等所占面积不扣除。定额计量单位为"$10m^2$"。

2) 计算各种风管长度时，一律以图注中心线长度为准，包括三通、弯头、变径管、天圆地方等管件的长度，但不包括通风部件（如风阀等）所在位置的长度，应扣除。

3) 计算展开面积时，风管直径、周长按图注尺寸展开，咬口风管的接口及翻边重叠部分已包括在定额中，不得另行计算。

4) 风管导流叶片按图示叶片的面积计算。

5) 塑料风管、复合型材料风管制作安装定额所列规格直径为内径，周长为内周长。

6) 柔性软风管安装按图示中心线长度以"m"为计量单位计算；柔性软风管阀门安装以"个"为单位计算。

7) 软管（帆布接口）制作安装按图示尺寸以"m^2"为计量单位。

8) 风管测定孔制作安装按其型号以"个"为计量单位。

9) 净化通风管道及部件制作安装计算规则为

① 净化通风管道制作安装项目中，包括弯头、三通、变径管、天圆地方等管件及法兰、加固框和吊、托支架的制作，但不包括过跨风管落地支架。落地支架执行设备支架项目。

② 圆形风管执行该章矩形风管相应项目。

③ 风管涂密封胶是按全部口缝外表面涂抹考虑的，如果设计要求口缝不涂抹而只在法兰处涂抹，每 $10m^2$ 风管应减去 1.5kg 密封胶和 0.37 个人工工日。

④ 净化风管项目中的板材，如果设计厚度不同，可以进行换算，但人工、机械不变。

⑤ 风管及部件项目中，型钢未包括镀锌费，如果设计要求镀锌，另加镀锌费。

10) 不锈钢板通风管道及部件制作安装计算规则为

① 矩形风管执行该章圆形风管相应项目。

② 风管制作安装项目中包括管件，但不包括法兰和吊、托支架；法兰和吊、托支架应单独列项以"kg"为计量单位计算。

③ 风管项目中的板材，如果设计要求厚度不同，可以进行换算，但人工、机械不变。

11) 铝板通风管道及部件制作安装计算规则为

① 风管制作安装项目中包括管件，但不包括法兰和吊、托支架；法兰和吊、托支架应

单独列项以"kg"为计量单位计算。

② 风管项目中的板材，如果设计要求厚度不同，可以进行换算，但人工、机械不变。

12）塑料通风管道及部件制作安装计算规则为

① 风管项目规格表示的直径为内径，周长为内周长。

② 风管制作安装项目中包括管件、法兰和加固框，但不包括吊、托支架，吊、托支架单独列项以"kg"为计量单位计算。

③ 风管制作安装项目中的主体、板材（指每 $10m^2$ 定额用量为 $11.6m^2$ 者），如果设计要求厚度不同，可以进行换算，人工、机械不变。

④ 项目中的法兰垫料，如果设计要求使用不同品种的材料，可以进行换算，但人工不变。

⑤ 塑料通风管道胎具材料摊销费的计算方法。塑料风管管件制作的胎具摊销材料费未包括在定额内，按以下规定另行计算：

a. 风管工程量在 $30m^2$ 以上的，每 $10m^2$ 风管的胎具摊销木材为 $0.06m^3$，按地区预算价格计算胎具材料摊销费。

b. 风管工程量在 $30m^2$ 以下的，每 $10m^2$ 风管的胎具摊销木材为 $0.09m^3$，按地区预算价格计算胎具材料摊销费。

13）玻璃钢通风管道及部件安装计算规则为

① 玻璃钢通风管道安装项目中，包括弯头、三通、变径管、天圆地方等管件的安装及法兰、加固框和吊、托支架的制作安装，不包括过跨风管落地支架。落地支架执行设备支架项目。

② 本定额玻璃钢风管及管件按计算工程量加损耗外加工订做，其价值按实际价格；风管修补应由加工单位负责，费用按实际发生价格计入主材费内。

③ 定额内未考虑预留铁件的制作和埋设，如果设计要求用膨胀螺栓安装吊、托支架，膨胀螺栓可按实际调整，其余不变。

14）主管与支管长度的确定。通风管道主管与支管从其中心线交点处划分，以确定中心线长度，如图 4-10、图 4-11、图 4-12 所示。

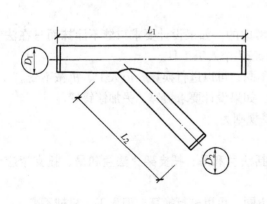

图 4-10　斜三通

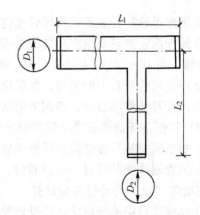

图 4-11　正三通

在图 4-10 中，主管展开面积为

$$S_1 = \pi D_1 L_1$$

支管展开面积为

$$S_2 = \pi D_2 L_2$$

在图 4-11 中，主管展开面积为

$$S_1 = \pi D_1 L_1$$

支管展开面积为

$$S_2 = \pi D_2 L_2$$

在图 4-12 中，主管展开面积为

$$S_1 = \pi D_1 L_1$$

支管 1 展开面积为

$$S_2 = \pi D_2 L_2$$

支管 2 展开面积为

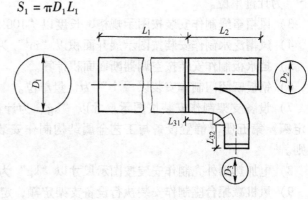

图 4-12　裤衩三通

$$S_3 = \pi D_3 (L_{31} + L_{32} + 2\pi\theta r)$$

式中，θ 为弧度，θ = 角度 × 0.01745；角度为中心线夹角；r 为弯曲半径。

上述各展开面积的单位均为 mm^2。

15）薄钢板通风管道制作安装。

① 镀锌钢板风管项目中的板材是按镀锌薄钢板编制的，如果设计要求不用镀锌钢板，可以进行换算，其他不变。

② 风管导流叶片不分单叶片和香蕉形双叶片，均执行同一项目。

③ 薄钢板通风管道制作安装项目中不包括过跨风管落地支架，落地支架执行设备支架项目。

④ 薄钢板风管项目中的板材，如果设计要求厚度不同，可以进行换算，但人工、机械不变。

⑤ 软管接头使用人造革而不使用帆布者可以进行换算。

⑥ 项目中的法兰垫料，如果设计要求使用不同品种的材料，可以进行换算，但人工不变。使用泡沫塑料者，1kg 橡胶板换算为泡沫塑料 0.125kg；使用闭孔乳胶海绵者，1kg 橡胶板换算为闭孔乳胶海绵 0.5kg。

（二）通风标准部件的制作与安装

通风标准部件包括各种形式的风口、调解阀、止回阀、插板阀、多叶阀、滤尘器、风帽、消声器、排风罩等。

1）标准部件的制作，按其成品质量以"100kg"为计量单位，根据设计型号、规格，按附录 A"国际通风部件标准质量表"、附录 B"除尘设备质量表"计算质量；非标准部件制作按图示成品质量计算，计量单位为"100kg"；部件的安装按图示规格尺寸（周长或直径）以"个"为计量单位，分别执行相应定额。使用方法为：

依施工图确定标准部件的个数；按施工图标注的部件型号、名称，查标准部件质量表，查出该部件的质量；用标准部件的个数、一个部件的质量求出标准部件的总质量；将总质量除以 100 得出该部件制作工程量。

2）钢百叶窗及活动金属百叶风口的制作以"m^2"为计量单位，安装按规格尺寸以"个"为计量单位。

3）风帽筝绳制作安装按图示规格、长度以"100kg"为计量单位。

4）风帽泛水制作安装按图示展开面积以"m^2"为计量单位。

5）挡水板制作安装按空调器断面面积计算。

6）钢板密闭门制作安装以"个"为计量单位。

7）设备支架制作安装按图示尺寸以"kg"为计量单位，执行《全国统一安装工程预算定额》第五册《静置设备与工艺金属结构制作安装工程》定额相应项目和工程量计算规则。

8）电加热器外壳制作安装按图示尺寸以"kg"为计量单位。

9）风机减振台座制作安装执行设备支架定额，定额内不包括减振器，应按设计规定另行计算。

10）高、中、低效过滤器、净化工作台安装以"台"为计量单位，风淋室安装按不同质量以"台"为计量单位。

11）洁净室安装按质量计算，执行本册"分段组装式空调器"安装定额。

12）部分通风部件的长度。部分通风部件的长度可按下述尺寸确定。

蝶阀：$L = 150mm$。

止回阀：$L = 300mm$。

密闭式对开多叶调解阀：$L = 210mm$。

圆形风管防火阀：$L = D + 240mm$，D 为风管直径。

矩形风管防火阀：$L = B + 240mm$，B 为风管高度。

（三）通风空调设备的安装

1）通风机安装项目包括电动机安装，其安装形式包括 A、B、C 或 D 型，也适用不锈钢和塑料风机安装。风机按不同型式（离心式、轴流式、屋顶式）、型号以"台"为计量单位。

2）整体式空调机组、空调器根据不同安装型式（吊顶式空调器、落地式空调器、壁挂式空调器）、不同质量以"台"为计量单位；窗式空调器以"台"为计量单位；分段组装式空调器按质量计算，计量单位为"100kg"。

3）空气冷却器、空气加热器根据不同质量以"台"为计量单位。

4）风机盘管根据不同型式（吊顶式、落地式）以"台"为计量单位。

5）除尘设备根据不同质量以"台"为计量单位。

6）设备安装项目的基价内不包括设备费和应配备的地脚螺栓价值。

7）诱导器安装执行风机盘管安装项目。

8）风机盘管的配管执行《全国统一安装工程预算定额》第八册《给排水、采暖、燃气工程》相应项目。

（四）风管导流片

导流片均按叶片面积计算，以"m^2"为计量单位。

四、定额计价相关问题

1. 刷油、绝热、防腐蚀

通风空调安装工程刷油、绝热、防腐蚀，执行《全国统一安装工程预算定额》第十一册《刷油、防腐蚀、绝热工程》相应定额。除薄钢板风管刷油、部件刷油已在定额系数部分解释外，还有以下规定：

1）不包括在风管工程量内而单独列项的各种支架（不锈钢吊托支架除外），按其工程量执行相应项目。

2）薄钢板风管、部件以及单独列项的支架，其除锈不分锈蚀程度，一律按其第一遍刷油的工程量执行轻锈相应项目。

3）风道及部件在加工厂预制的，其场外运费由各地自行制定。

2. 通风、空调管道及部件制作与安装比例

定额中的人工费、材料费、机械台班使用费凡未按制作和安装分别列出的，在使用中遇到只有制作或安装时，制作费和安装费的比例可按表4-10划分。

表4-10　通风、空调管道及部件制作费与安装费比例

章号	项目	制作费所占百分数（%）			安装费所占百分数（%）		
		人工	材料	机械	人工	材料	机械
第一章	薄钢板通风管道制作安装	60	95	95	40	5	5
第二章	调节阀制作安装	—	—	—	—	—	—
第三章	风口制作安装						
第四章	风帽制作安装	75	80	99	25	20	1
第五章	罩类制作安装	78	98	95	22	2	5
第六章	消声器制作安装	91	98	99	9	2	1
第七章	空调部件及设备支架制作安装	86	98	95	14	2	5
第八章	通风空调设备安装	—	—	—	100	100	100
第九章	净化通风管道及部件制作安装	60	85	95	40	15	5
第十章	不锈钢板通风管道及部件制作安装	72	95	95	28	5	5
第十一章	铝板通风管道及部件制作安装	68	95	95	32	5	5
第十二章	塑料通风管道及部件制作安装	85	95	95	15	5	5
第十三章	玻璃钢通风管道及部件安装	—	—	—	100	100	100
第十四章	复合型风管制作安装	60	—	99	40	100	1

3. 风管、部件板材损耗率

风管、部件板材损耗率见表4-11。

表 4-11 风管、部件板材损耗率

序号	项 目	损耗率（%）	备注	序号	项 目	损耗率（%）	备注
	钢板部分			37	带式防护罩	9.35	δ4.0
1	咬口通风管道	13.80	*	38	电动机防雨罩	33.00	δ1～1.5
2	焊接通风管道	8.00	*	39	电动机防雨罩	10.60	δ4 以上
3	圆形阀门	14.00	*	40	中、小型零件焊接工具		
4	方、矩形阀门	8.00	*		台排气罩	21.00	*
5	风管插板式风口	13.00	*	41	泥芯烘炉排气罩	12.50	*
6	网式风口	13.00	*	42	各式消声器	13.00	*
7	单、双、三层百叶风口	13.00	*	43	空调设备	13.00	δ1 以下
8	联动百叶风口	13.00	*	44	空调设备	8.00	δ1.5～3
9	钢百叶窗	13.00	*	45	设备支架	4.00	*
10	活动箅板式风口	13.00	*		塑料部分		
11	矩形风口	13.00	*	46	塑料圆形风管	16.00	*
12	单面送吸风口	20.00	δ0.7～0.9	47	塑料矩形风管	16.00	*
13	双面送吸风口	16.00	δ0.7～0.9	48	圆形蝶阀（外框短管）	16.00	*
14	单双面送吸风口	8.00	δ1～1.5	49	圆形蝶阀（阀板）	31.00	*
15	带调解板活动百叶送风口	13.00	*	50	矩形蝶阀	16.00	*
16	矩形空气分布器	14.00	*	51	插板阀	16.00	*
17	旋转吹风口	12.00	*	52	槽边侧吸罩、风罩调解阀	22.00	*
18	圆、方形直片散流器	45.00	*	53	整体槽边侧吸罩	22.00	*
19	流线形散流器	45.00	*	54	条缝槽边侧吸罩	22.00	*
20	135 型单层双层百叶风口	13.00	*	55	塑料风帽	22.00	*
21	135 型导流片百叶风口	13.00	*	56	插板式侧面风口	16.00	*
22	圆伞形风帽	28.00	*	57	空气分布器类	20.00	*
23	锥形风帽	26.00	*	58	直片式散流器	22.00	*
24	筒形风帽	14.00	*	59	柔性接口及伸缩器	16.00	*
25	筒形风帽滴水盘	35.00	*		净化部分		
26	风帽泛水	42.00	*	60	净化风管	14.90	*
27	风帽筝绳	4.00	*	61	净化铝板风口类	38.00	*
28	升降式排气罩	18.00	*		不锈钢板部分		
29	上吸式侧吸罩	21.00	*	62	不锈钢板通风管道	8.00	
30	下吸式侧吸罩	22.00	*	63	不锈钢板圆形法兰	150.00	δ4～10
31	上下吸式圆形回转罩	22.00	*	64	不锈钢板风口类	8.00	δ1～3
32	手锻炉排气罩	10.00	*		铝板部分		
33	升降式回转排气罩	18.00	*	65	铝板通风管道	8.00	
34	整体、分组、吹吸侧边侧吸罩	10.15	*	66	铝板圆形法兰	150.00	δ4～12
35	各型风罩调解阀	10.15	*	67	铝板风帽	14.00	δ3～6
36	带式防护罩	18.00	δ1.5				

注：1. "*"表示综合厚度。

2. 本表摘自《全国统一安装工程预算定额》第九册。

第三节　工程量清单编制

一、工程量清单项目设置

在"计价规范"附录中，通风空调工程工程量清单项目设置分为通风、空调设备及部件制作安装，通风管道制作安装，通风管道部件制作安装和通风工程检测、调试四部分。

1. 通风、空调设备及部件制作安装

通风、空调设备及部件制作安装工程量清单项目设置，是以通风、空调设备及部件的制作安装为主项，按不同的设备及部件名称等设置清单项目。通风、空调设备及部件制作安装工程量清单项目设置（部分）参见表4-12。

表4-12　通风、空调设备及部件制作安装工程量清单项目设置（部分）

项目编码	项目名称	项目特征	计量单位	工作内容
030901001	空气加热器（冷却器）	1. 规格 2. 质量 3. 支架材质、规格 4. 除锈、刷油设计要求	台	1. 安装 2. 设备支架制作、安装 3. 支架除锈、刷油
030901002	通风机	1. 形式 2. 规格 3. 支架材质、规格 4. 除锈、刷油设计要求	台	1. 安装 2. 减振台座制作、安装 3. 设备支架制作、安装 4. 软管接口制作、安装 5. 支架台座除锈、刷油
030901004	空调器	1. 形式 2. 质量 3. 安装位置	台	1. 安装 2. 软管接口制作、安装
030901005	风机盘管	1. 形式 2. 安装位置 3. 支架材质、规格 4. 除锈、刷油设计要求	台	1. 安装 2. 软管接口制作、安装 3. 支架制作、安装及除锈、刷油
030901007	挡水板制作安装	1. 材质 2. 除锈、刷油设计要求	m²	1. 制作、安装 2. 除锈、刷油
030901010	过滤器	1. 型号 2. 过滤功效 3. 除锈、刷油设计要求	台	1. 安装 2. 框架制作、安装 3. 除锈、刷油

注：本表摘自"计价规范"。

2. 通风管道制作安装

通风管道制作安装工程量清单项目设置，主要是按制作风道的材质不同来设置清单项目。通风管道制作安装工程量清单项目设置（部分）参见表4-13。

表 4-13　通风管道制作安装工程量清单项目设置（部分）

项目编码	项目名称	项目特征	计量单位	工程内容
030902001	碳钢通风管道制作安装	1. 材质 2. 形状 3. 周长或直径 4. 板材厚度 5. 接口形式 6. 风管附件、支架设计要求 7. 除锈、刷油、防腐、绝热及保护层设计要求	m^2	1. 风管、管件、法兰、零件、支吊架制作安装 2. 弯头导流叶片制作、安装 3. 过跨风管落地支架制作、安装 4. 风管检查孔制作 5. 温度、风量测定孔制作 6. 风管保温及保护层 7. 风管、法兰、法兰加固框、支吊架、保护层除锈、刷油
030902006	玻璃钢通风管道	1. 形状 2. 厚度 3. 周长或直径		1. 制作、安装 2. 支吊架制作、安装 3. 风管保温、保护层 4. 保护层及支架、法兰除锈、刷油
030902008	柔性软风管	1. 材质 2. 规格 3. 保温套管设计要求	m	1. 安装 2. 风管接头安装

注：本表摘自"计价规范"。

3. 通风管道部件制作安装

通风管道部件制作安装工程量清单项目设置以部件的类型、材质、规格、形状等设置清单项目。通风管道部件制作安装工程量清单项目设置（部分）参见表 4-14。

表 4-14　通风管道部件制作安装工程量清单项目设置（部分）

项目编码	项目名称	项目特征	计量单位	工作内容
030903001	碳钢调节阀制作安装	1. 类型 2. 规格 3. 周长 4. 质量 5. 除锈、刷油设计要求	个	1. 安装 2. 制作 3. 除锈、刷油
030903007	碳钢风口、散流器制作安装（百叶窗）	1. 类型 2. 规格 3. 形式 4. 质量 5. 除锈、刷油设计要求	个	1. 风口制作、安装 2. 散流器制作、安装 3. 百叶窗安装 4. 除锈、刷油
030903008	不锈钢风口、散流器制作安装（百叶窗）	1. 类型 2. 规格 3. 形式 4. 质量 5. 除锈、刷油设计要求	个	制作、安装
030903019	柔性接口及伸缩节制作安装	1. 材质 2. 规格 3. 法兰接口设计要求	m^2	制作、安装
030903021	静压箱制作安装	1. 材质 2. 规格 3. 形式 4. 除锈标准、刷油防腐设计要求		1. 制作、安装 2. 支架制作、安装 3. 除锈、刷油、防腐

注：本表摘自"计价规范"。

4. 通风工程检测、调试

通风工程检测、调试单独列项，参见表 4-15。

表 4-15 通风工程检测、调试清单项目设置

项目编码	项目名称	项目特征	计量单位	工程内容
030904001	通风工程检测、调试（系统）	系统	系统	1. 管道漏光试验 2. 漏风试验 3. 通风管道风量测定 4. 风压测定 5. 温度测定 6. 各系统风口、阀门调整

注：本表摘自"计价规范"。

5. 冷源部分

空调装置中制冷设备部分的工程量清单项目设置参见第五章相关内容。

二、清单项目工程量计算规则

1. 通风、空调设备及部件制作安装工程量计算

1）通风、空调设备及部件制作安装按设计图示数量计算。

2）分段组装式空调器安装按设计图示质量计算。

3）挡水板制作安装按空调器端面面积计算。

4）滤水器、溢水盘、金属壳体制作安装按设计图示质量计算。

2. 通风管道制作安装工程量计算

1）通风管道按设计图示以展开面积计算，不扣除检查孔、测定孔、送风口、吸风口等所占面积。风管展开面积不包括风管、风口重叠部分面积。

2）风管长度一律以设计图示中心线长度为准（主管与支管以其中心线交点划分），包括弯头、三通、变径管、天圆地方等管件的长度，但不包括部件所占的长度。

3）直径和周长按图示尺寸为准展开。

4）渐缩管：圆形风管按平均直径，矩形风管按平均周长。

5）柔性软风管按设计图示中心线长度计算，包括弯头、三通、变径管、天圆地方等管件的长度，但不包括部件所占长度。

3. 通风管道部件制作安装工程量计算

1）调节阀、风口、消声器、风帽、罩类、静压箱等清单项目工程量按设计图示数量计算。

2）碳钢百叶窗清单项目工程量按设计图示以框内面积计算。

3）若部件为成品时，制作不再计算。

通风管道部件的类型说明如下：

1）碳钢调节阀包括空气加热器上通阀、空气加热器旁通阀、圆形瓣式启动阀、风管蝶阀、风管止回阀、密闭式斜插板阀、矩形风管三通调节阀、对开多叶调节阀、风管防火阀、各类风罩调节阀制作安装等。

2）碳钢风口、散流器包括百叶风口、矩形送风口、矩形空气分布器、风管插板风口、

旋转吹风口、圆形散流器、方形散流器、流线型散流器、送吸风口、网式风口、钢百叶窗等。

3）不锈钢风口包括风口、分布器、散流器、百叶窗等。

4）消声器包括片式消声器、矿棉管式消声器、聚酯泡沫管式消声器、卡普隆纤维管式消声器、弧形声流式消声器、阻抗复合式消声器、微穿孔板消声器、消声弯头。

4. 通风工程检测、调试工程量计算

通风工程检测、调试清单工程量按由通风设备、管道及部件等组成的通风系统计算。

编制好工程量清单，为下一步的工程量清单计价做好准备。

第四节　通风空调安装工程造价计价实例

本节以河北省石家庄市某宾馆的通风空调安装工程为例，阐述其造价书的编制步骤与方法。

说明：本例题从利于教学的角度考虑，根据图样据实计算了工程量。从教材篇幅不宜过大但又能说明通风空调安装工程造价书的编制步骤和方法考虑，仅对计算出来的部分工程量做了计价，侧重了编写过程和造价书的样例。

例：分别以定额计价、工程量清单计价方法为石家庄市某宾馆的通风空调安装工程（楼内系统）编制造价书。图4-13所示（见书后插页）为空调风系统平面图，图4-14所示（见书后插页）为空调水系统平面图，其他图略。

解：

一、定额计价

1. 阅读施工图

全面细致地阅读施工图。读懂施工图的内容，审核图样中的相关尺寸是否准确，设备、材料的规格、数量是否与图样相符等。为工程量计算做准备。

2. 划分工程项目

根据本工程的内容，把安装工程划分为设备安装、空调风系统安装和空调水系统安装等几个工程项目。

3. 工程量计算

根据施工图和相关工程量计算规则的要求，对本工程需安装项目的工程量进行计算，做出工程量计算表，见表4-16。

4. 套定额做工程预算表

工程在河北省，故执行《河北省消耗量定额》相关各册。根据划分的分项工程的工程项目、计算的工程量，把各分项工程对应的定额编号、项目名称、规格型号、单位、数量、单价（基价）、合价、人工费、材料费和机械费等填入工程预算表，并计算出直接工程费，见表4-17。主要材料价格见表4-18。

5. 确定并计算措施费

根据工程具体情况和有关规定，确定本工程措施项目并计算措施费，得出措施费和其中人工费、机械费。措施项目预算表见表4-19。

表 4-16　工程量计算表

工程名称：河北石家庄某集中空调工程楼内系统　　　　　　　　　　　　第1页，共2页

序号	项目名称	规格型号	计算方法及说明	单位	数量
一	设备安装				
1	新风机组	YAH02—4 $L=2000\text{m}^3/\text{h}$		台	1
2	设备支架及其除锈刷油			kg	20
3	卧式暗装风机盘管机组	YGFC03—2		台	8
4	卧式暗装风机盘管机组	YGFC04—2		台	11
5	卧式暗装风机盘管机组	YGFC06—2		台	2
6	卧式暗装风机盘管机组	YGFC06—3		台	4
7	卧式暗装风机盘管机组	YGFC08—3		台	1
8	设备支架除锈刷油		定额套项中辅材型钢量	kg	513.5
9	软接		新风机组进出口、盘管出口	m²	
二	空调风系统安装				
1	镀锌钢板风管周长 800 以内	$\delta=0.5\text{mm}$	长度＝风管直管段长度（或至弯头中心位置长度＋变径长度的一半＋竖直方向所返标高长度－阀件长度（软接、风阀、消声器）	m²	22.38
2	镀锌钢板风管周长 2000 以内	$\delta=0.5\text{mm}$		m²	29.65
3	镀锌钢板风管周长 2000 以内	$\delta=0.6\text{mm}$		m²	18.93
4	镀锌钢板风管周长 2000 以内	$\delta=0.75\text{mm}$		m²	19.35
5	镀锌钢板风管周长 4000 以内	$\delta=0.75\text{mm}$		m²	2
6	镀锌钢板风管周长 4000 以内	$\delta=1.0\text{mm}$		m²	2.14
7	风管橡塑保温 B1	25mm	公式：$V=2\delta L(A+B+2\delta)$	m³	2.6
8	风管支架除锈刷油		定额套项中辅材型钢量	kg	
9	对开多叶调节风阀	795×320		个	1
10	防火调节阀 70℃熔断	400×200		个	1
11	微穿孔消声器	$400\times200\times1000$		个	1
12	防水百叶风口	795×320		个	1
13	双层百叶送风口	120×120		个	11
14	双层百叶送风口	400×160		个	2
15	双层百叶送风口	450×200		个	2
16	双层百叶送风口	500×120		个	2
17	单层百叶回风口（带网）	400×160		个	2
18	单层百叶回风口（带网）	450×200		个	2
19	单层百叶回风口（带网）	500×120		个	6
20	方形散流器送风口	250×250		个	6
21	方形散流器送风口	300×300		个	9
22	方形散流器送风口	340×340		个	6
23	方形散流器送风口	400×400		个	1
24	方形散流器回风口（带网）	250×250		个	6
25	方形散流器回风口（带网）	300×300		个	9
26	方形散流器回风口（带网）	340×340		个	2
27	方形散流器回风口（带网）	400×400		个	1

序号	项目名称	规格型号	计算方法及说明	单位	数量
三	空调水系统				
1	冷冻水焊接钢管	DN80	水平管段长度＋支管接末端设备单根管道返高差0.5m	m	4.15
		DN65		m	44.00
		DN50		m	26.39
		DN40		m	7.12
		DN32		m	27.59
		DN25		m	53.33
		DN20		m	99.04
2	凝结水 UPVC 管	D40	水平管段长度＋支管接末端设备单根管道返高差0.5m	m	49.03
		D32		m	22.91
		D25		m	62.27
3	焊接钢管除锈、刷油		$S = \pi dl$	m²	35.26
4	管道消毒、冲洗	DN100 以内		m	48.15
5	管道消毒、冲洗	DN50 以内		m	347.69
6	冷冻水橡塑保温 B1	30mm	公式：$V = L\pi (D + 1.033\delta) \times 1.033\delta$	m³	0.5
7	冷冻水橡塑保温 B1	25mm	公式：$V = L\pi (D + 1.033\delta) \times 1.033\delta$	m³	1.06
8	凝结水橡塑保温	10mm	公式：$V = L\pi (D + 1.033\delta) \times 1.033\delta$	m³	0.18
9	管道支架及其除锈刷油	制作安装		kg	102
10	手动调节阀	DN65	冷冻水回水干管	个	1
11	手动调节阀	DN40	冷冻水回水干管	个	1
12	蝶阀	DN65	冷冻水供水干管	个	1
13	蝶阀	DN40	冷冻水供水干管	个	1
14	蝶阀	DN32	新风机组冷冻供回水	个	2
15	铜球阀	DN25	风机盘管冷冻供回水	个	10
16	铜球阀	DN20	风机盘管冷冻供回水	个	42
17	橡胶软连接	DN32	新风机组冷冻供回水	个	2
18	金属软连接	DN25	风机盘管冷冻供回水	个	10
19	金属软连接	DN20	风机盘管冷冻供回水	个	42
20	塑料软连接	D40		个	1
21	塑料软连接	D25		个	26
22	自动排气阀	DN20		个	2
23	铜球阀	DN20		个	2
24	穿墙套管	DN80（DN150）	被套管径（套管管径）	个	2
25	穿墙套管	DN50（DN100）	被套管径（套管管径）	个	2
26	穿墙套管	DN25（DN80）	被套管径（套管管径）	个	18
27	穿墙套管	DN20（DN80）	被套管径（套管管径）	个	10
28	穿墙套管	D40（DN65）	被套管径（套管管径）	个	2
29	穿墙套管	D32（DN50）	被套管径（套管管径）	个	8
30	穿墙套管	D25（DN50）	被套管径（套管管径）	个	6

表 4-17 安装工程预算表

工程名称：河北石家庄某集中空调工程楼内系统　　　　　　　　　　　　　　　　　第1页 共3页

序号	定额编号	项目名称	单位	数量	单价	合价	其中		
							人工费/元	材料费/元	机械费/元
1	9-396	空调器安装，吊顶式重量（0.15t以内）	台	1.000	71.32	71.32	68.40	2.92	
		主材：吊顶式新风机组 YAH02—4	台	1.000	4200.00	4200.00		4200.00	
2	9-414	吊顶式风机盘管安装	台	8.000	162.48	1299.84	268.80	920.80	110.24
		主材：卧式暗装风机盘管机组 YGFC03—2	台	8.000	908.00	7264.00		7264.00	
3	9-414	吊顶式风机盘管安装	台	11.000	162.48	1787.28	369.60	1266.10	151.58
		主材：卧式暗装风机盘管机组 YGFC04—2	台	11.000	1004.00	11044.00		11044.00	
4	9-341	设备支架 CG327 制作安装（50kg以下）	100kg	0.200	899.98	180.00	48.80	120.73	10.47
5	11-7	手工除一般钢结构轻锈	100kg	3.953	23.78	94.00	49.02	5.81	39.17
6	11-115	一般钢结构，防锈漆第一遍	100kg	3.953	20.51	81.08	33.21	8.70	39.17
		主材：酚醛防锈漆各色	kg	3.637	8.00	29.09		29.09	
7	11-116	一般钢结构，防锈漆第二遍	100kg	3.953	19.87	78.54	31.62	7.75	39.17
		主材：酚醛防锈漆各色	kg	3.083	8.00	24.67		24.67	
8	11-122	一般钢结构，调和漆第一遍	100kg	3.953	18.62	73.60	31.62	2.81	39.17
		主材：酚醛调和漆各色	kg	3.162	10.00	31.62		31.62	
9	11-123	一般钢结构，调和漆第二遍	100kg	3.953	18.54	73.28	31.62	2.49	39.17
		主材：酚醛调和漆各色	kg	2.767	10.00	27.67		27.67	
10	9-77	软管接口	m²	6.760	266.79	1803.50	484.02	1233.70	85.78
11	9-9	镀锌薄钢板矩形风管（δ=1.2mm以内咬口）周长（800mm以下）制作安装	10m²	2.238	715.53	1601.35	630.22	657.05	314.08
		主材：镀锌钢板 δ=0.5	m²	25.468	28.00	713.12		713.12	
12	9-11	镀锌薄钢板矩形风管（δ=1.2mm以内咬口）周长（2000mm以下）制作安装	10m²	2.965	548.25	1625.57	647.56	760.29	217.72
		主材：镀锌钢板 δ=0.5	m²	33.742	28.00	944.77		944.77	
13	11-7	手工除一般钢结构轻锈	100kg	2.050	23.78	48.75	25.42	3.01	20.32
14	11-115	一般钢结构，防锈漆第一遍	100kg	2.050	20.51	42.05	17.22	4.51	20.32
		主材：酚醛防锈漆各色	kg	1.886	8.00	15.09		15.09	
15	11-116	一般钢结构，防锈漆第二遍	100kg	2.050	19.87	40.74	16.40	4.02	20.32
		主材：酚醛防锈漆各色	kg	1.599	8.00	12.79		12.79	
16	11-122	一般钢结构，调和漆第一遍	100kg	2.050	18.62	38.18	16.40	1.46	20.32
		主材：酚醛调和漆各色	kg	1.640	10.00	16.40		16.40	
17	11-123	一般钢结构，调和漆第二遍	100kg	2.050	18.54	38.01	16.40	1.29	20.32
		主材：酚醛调和漆各色	kg	1.435	10.00	14.35		14.35	

工程名称：河北石家庄某集中空调工程楼内系统　　　　　　　　　　　　第2页　共3页

序号	定额编号	项目名称	单位	数量	单价	合价	其中		
							人工费/元	材料费/元	机械费/元
18	11-2168	橡塑绝热保温，风管（矩形）橡塑保温（厚25mm）	m³	1.301	773.40	1006.19	470.96	522.65	12.58
		主材：橡塑保温板	m³	1.360	1400.00	1903.30		1903.30	
19	9-121	调节阀安装，对开多叶调节阀周长（2800mm以内）	个	1.000	22.15	22.15	17.20	4.95	
		主材：对开多叶调节风阀 795×320	个	1.000	263.00	263.00		263.00	
20	9-125	调节阀安装，风管防火阀周长（2200mm以内）	个	1.000	12.84	12.84	8.00	4.84	
		主材：防火调节阀 70℃熔断 400×200	个	1.000	303.00	303.00		303.00	
21	9-307	微孔板消声器（型号B（φ）=400以内）安装	个	1.000	34.98	34.98	28.00	6.98	
		主材：微穿孔消声器 400×200×1000	个	1.000	485.00	485.00		485.00	
22	9-173	百叶风口周长（2500mm以内）安装	个	1.000	43.77	43.77	24.80	17.04	1.93
		主材：防水百叶风口 795×320	个	1.000	120.00	120.00		120.00	
23	9-170	百叶风口周长（900mm以内）安装	个	11.000	15.50	170.50	61.60	87.67	21.23
		主材：双层百叶送风口 120×120	个	11.000	13.00	143.00		143.00	
24	8-171	室内钢管（焊接）安装，DN65mm以内	10m	4.400	169.37	745.23	285.12	153.12	306.99
		主材：焊接钢管 DN65	m	44.880	36.26	1627.35		1627.35	
25	8-158	室内焊接钢管（螺纹联接）安装，DN20mm以内	10m	9.904	102.82	1018.33	661.59	356.74	
		主材：焊接钢管 DN20	m	101.021	8.90	899.09		899.09	
26	8-228	室内塑料给水管（粘接）安装，管外径（40mm以内）	10m	4.903	65.20	319.68	209.85	109.83	
		主材：UPVC给水管材 D40	m	50.011	7.76	388.08		388.08	
27	11-1	手工除管道轻锈	10m²	1.878	14.38	27.01	23.29	3.72	
28	11-53	管道刷油，防锈漆第一遍	10m²	1.878	13.06	24.53	18.78	5.75	
		主材：酚醛防锈漆各色	kg	2.460	8.00	19.68		19.68	
29	11-54	管道刷油，防锈漆第二遍	10m²	1.878	12.75	23.94	18.78	5.16	
		主材：酚醛防锈漆各色	kg	2.103	8.00	16.83		16.83	
30	8-359	管道消毒、冲洗，DN100mm以内	100m	0.440	49.72	21.88	11.09	10.79	
31	8-358	管道消毒、冲洗，DN50mm以内	100m	1.481	34.53	51.14	28.44	22.70	
32	11-2167	橡塑绝热保温，橡塑保温管壳（厚30mm）φ133以下	m³	0.460	601.68	276.77	94.76	177.56	4.45
		主材：橡塑保温管壳	m³	0.474	1500.00	710.70		710.70	
33	11-2166	橡塑绝热保温，橡塑保温管壳（厚25mm）φ57以下	m³	0.420	781.84	328.37	135.24	189.07	4.06
		主材：橡塑保温管壳	m³	0.433	1500.00	648.90		648.90	

（续）

工程名称：河北石家庄某集中空调工程楼内系统　　　　　　　　第3页　共3页

序号	定额编号	项目名称	单位	数量	单价	合价	其中		
							人工费/元	材料费/元	机械费/元
34	11-2166	橡塑绝热保温，橡塑保温管壳（厚10mm）φ57以下	m³	0.080	781.84	62.54	25.76	36.01	0.77
		主材：橡塑保温管壳	m³	0.082	1500.00	123.60		123.60	
35	8-306	室内木垫式管架制作安装	100kg	1.020	495.56	505.46	223.58	166.89	114.99
		主材：型钢	kg	108.120	5.00	540.60		540.60	
36	11-7	手工除一般钢结构轻锈	100kg	1.020	23.78	24.26	12.65	1.50	10.11
37	11-122	一般钢结构，调和漆第一遍	100kg	1.020	18.62	18.99	8.16	0.72	10.11
		主材：酚醛调和漆各色	kg	0.816	10.00	8.16		8.16	
38	11-123	一般钢结构，调和漆第二遍	100kg	1.020	18.54	18.91	8.16	0.64	10.11
		主材：酚醛调和漆各色	kg	0.714	10.00	7.14		7.14	
39	11-115	一般钢结构，防锈漆第一遍	100kg	1.020	20.51	20.92	8.57	2.24	10.11
		主材：酚醛防锈漆各色	kg	0.938	8.00	7.51		7.51	
40	11-116	一般钢结构，防锈漆第二遍	100kg	1.020	19.87	20.27	8.16	2.00	10.11
		主材：酚醛防锈漆各色	kg	0.796	8.00	6.36		6.36	
41	8-382	焊接法兰阀安装，DN65mm以内	个	1.000	160.58	160.58	15.60	113.82	31.16
		主材：手动调节阀DN65	个	1.000	442.00	442.00		442.00	
42	8-382	焊接法兰阀安装，DN65mm以内	个	1.000	160.58	160.58	15.60	113.82	31.16
		主材：蝶阀DN65	个	1.000	85.00	85.00		85.00	
43	8-365	螺纹阀安装，DN20mm以内	个	42.000	5.53	232.26	168.00	64.26	
		主材：铜球阀DN20	只	42.420	28.00	1187.76		1187.76	
44	9-363	不锈钢软接头公称直径（20mm以内）	10个	4.200	12.48	52.42	43.68	8.74	
		主材：不锈钢软接头DN20	个	42.420	22.00	933.24		933.24	
45	9-367	塑料软接头公称直径（20mm以内）	10个	2.600	8.61	22.39	17.68	4.71	
		主材：塑料软接头D25	个	26.260	5.00	131.30		131.30	
46	8-423	自动排气阀安装DN20mm	个	2.000	18.56	37.12	16.00	21.12	
		主材：自动排气阀DN20	个	2.000	30.00	60.00		60.00	
47	8-279	室内钢套管制作安装，公称直径（20mm以内）	个	10.000	5.71	57.10	24.00	29.40	3.70
		主材：焊接钢管DN80	m	3.060	45.54	139.35		139.35	
48	8-281	室内钢套管制作安装，公称直径（32mm以内）	个	2.000	8.88	17.76	6.40	10.22	1.14
		主材：焊接钢管DN65	m	0.612	36.26	22.19		22.19	
49									
		合计				50075.77	5485.83	42817.91	1772.03

表 4-18　主要材料价格表

编　码	名称及型号规格	单位	数　量	预算价/元	市场价/元	市场价合计/元	价差合计/元
	未计价材用量					35559.71	
	微穿孔消声器 400×200×1000	个	1.0000	485.00	485.00	485	
	手动调节阀 DN65	个	1.0000	442.00	442.00	442	
	蝶阀 DN65	个	1.0000	85.00	85.00	85	
AC9C0003	型钢	kg	108.1200	5.00	5.00	540.6	
AK1W0019	不锈钢软接头 DN20	个	42.4200	22.00	22.00	933.24	
OA0—0015	焊接钢管 DN80	m	3.0600	45.54	45.54	139.3524	
OP1W0215	塑料软接头 D25	个	26.2600	5.00	5.00	131.3	
W#000024	UPVC 给水管材 D40	m	50.0106	7.76	7.76	388.082256	
W#000127	防水百叶风口 795×320	个	1.0000	120.00	120.00	120	
W#000127	双层百叶送风口 120×120	个	11.0000	13.00	13.00	143	
W#000394	镀锌钢板 δ=0.5	m²	59.2101	28.00	28.00	1657.8828	
W#000436	对开多叶调节风阀 795×320	个	1.0000	263.00	263.00	263	
W#000548	酚醛调和漆各色	kg	10.5345	10.00	10.00	105.345	
W#000549	酚醛防锈漆各色	kg	16.5027	8.00	8.00	132.0216	
W#000558	防火调节阀 70℃熔断 400×200	个	1.0000	303.00	303.00	303	
W#000648	焊接钢管 DN20	m	101.0208	8.90	8.90	899.08512	
W#000653	焊接钢管 DN65	m	45.4920	36.26	36.26	1649.53992	
W#001138	铜球阀 DN20	只	42.4200	28.00	28.00	1187.76	
W#001385	橡塑保温板	m³	1.3595	1400.00	1400.00	1903.3	
W#001386	橡塑保温管壳	m³	0.9888	1500.00	1500.00	1483.2	
W#001506	自动排气阀 DN20	个	2.0000	30.00	30.00	60	
ZE1W0185	吊顶式新风机组 YAH02—4	台	1.0000	4200.00	4200.00	4200	
ZK1W0006	卧式暗装风机盘管机组 YGFC03—2	台	8.0000	908.00	908.00	7264	
ZK1W0006	卧式暗装风机盘管机组 YGFC04—2	台	11.0000	1004.00	1004.00	11044	
	合计					35559.71	

表 4-19　措施项目预算表

工程名称：河北石家庄某集中空调工程楼内系统　　　　　　　　　　　　　　　第 1 页，共 1 页

项目编号	项目名称	单位	数量	单价/元	合价/元	其中		
						人工费/元	材料费/元	机械费/元
	1. 可竞争措施费1				1056.53	316.80	670.30	69.43
8-878	给排水、采暖、燃气工程脚手架搭拆费	项	1.000	90.48	90.48	22.62	67.86	
9-595	通风空调工程脚手架搭拆费	项	1.000	84.97	84.97	21.06	63.91	
11-2776	刷油工程脚手架搭拆费	项	1.000	36.52	36.52	9.13	27.39	
11-2778	绝热工程脚手架搭拆费	项	1.000	125.76	125.76	31.44	94.32	
8-912	垂直运输费（给排水、采暖、燃气工程）	项	1.000	25.85	25.85			25.85
9-616	垂直运输费（通风空调工程）	项	1.000	43.58	43.58			43.58
8-879	采暖工程系统调整费	项	1.000	281.15	281.15	140.68	140.47	
9-597	通风空调工程系统调整费	项	1.000	368.22	368.22	91.87	276.35	
	2. 可竞争措施费2				1140.92	466.68	674.24	
1-1463	生产工具用具使用费（安装）	项	1	254.75	254.75		254.75	
1-1464	检验试验配合费（安装）	项	1.000	77.66	77.66	31.21	46.45	
1-1465	冬、雨期施工增加费（安装）	项	1.000	217.74	217.74	117.58	100.16	
1-1466	夜间施工增加费（安装）	项	1.000	76.20	76.20	45.72	30.48	
1-1467	已完工程及设备保护费（安装）	项	1	45.72	45.72	13.79	31.93	
1-1468	二次搬运费（安装）	项	1	201.04	201.04	108.87	92.17	
1-1469	工程定位复测配合费及场地清理费（安装）	项	1	70.4	70.4	42.82	27.58	
1-1470	停水停电增加费（安装）	项	1	197.41	197.41	106.69	90.72	
	3. 不可竞争措施费				706.32	191.10	444.89	70.33
1-1473	安全防护、文明施工费（安装）	项	1	706.32	706.32	191.1	444.89	70.33
	4. 措施费合计				2903.77	974.58	1789.43	139.76
	说明：可竞争措施费1指不包括其他措施项目的可竞争措施项目费；可竞争措施费2专指其他措施项目费							
	合　计				2903.77	974.58	1789.43	139.76

6. 计算各种应取费用

根据安装工程类别划分，集中空调安装工程为一类工程。

根据安装工程计价程序和工程费率，逐项计算企业管理费、规费、利润和税金，最终确定工程造价，见表4-20。

表4-20 单位工程费汇总表

工程名称：河北石家庄某集中空调工程楼内系统　　　　　　　　　　　　　第1页，共1页

序号	项目名称	计算基础	费率（%）	费用金额/元
		安装工程．一类工程．包工包料		
1	直接费	1.1+1.2		52979.54
1.1	直接工程费			50075.77
1.1.1	其中：人工费			5485.83
1.1.2	其中：材料费			7258.1
1.1.3	其中：机械费			1772.03
1.1.4	其中：未计价材料费			35559.81
1.2	措施费			2903.77
1.2.1	其中：人工费			974.58
1.2.2	其中：材料费			1789.43
1.2.3	其中：机械费			139.76
2	取费基数	1.1.1+1.1.3+1.2.1+1.2.3		8372.20
3	企业管理费	2	28.000	2344.22
4	利润	2	12.000	1004.66
5	规费	2	19.000	1590.72
6	价款调整	按合同确认的方式方法计算（本例略）		
7	税金	(1+3+4+5+6)×费率	3.450	1998.21
8	工程造价	1+3+4+5+6+7		59917.35
合计				59917.35

7. 编写施工图预算编制说明

（略）

8. 整理并装订施工图预算书

将上述资料整理装订成施工图预算书，可按以下次序装订：

1）封面，见表 4-21。

表 4-21　建设工程预算书封面

工程名称：　河北石家庄某集中空调工程楼内系统

建筑面积：＿＿＿＿＿＿＿＿＿＿＿　平方米

工程造价：＿＿＿＿59917.35＿＿＿＿　元

单方造价：＿＿＿＿＿＿＿＿＿＿＿　元/平方米

建设单位：＿＿＿＿＿＿＿＿＿＿＿

施工单位：＿＿＿＿＿＿＿＿＿＿＿

造价工程师

或造价员：＿＿＿＿＿＿＿＿＿＿＿　（签字盖章）

校 对 人：＿＿＿＿＿＿＿＿＿＿＿　（签字盖章）

审 定 人：＿＿＿＿＿＿＿＿＿＿＿　（签字盖章）

编制单位：＿＿＿＿＿＿＿＿＿＿＿　（签字盖章）

编制日期：

2）施工图预算说明。

3）单位工程费汇总表，见表 4-20。

4）安装工程预算表，见表 4-17。

5）工程量计算表，见表 4-16 。

6）主要设备、材料价格表，见表 4-18。

二、工程量清单计价

1. 编制分部分项工程量清单与计价表

根据招标单位提供的分部分项工程量清单（分部分项工程量清单与表 4-22 中的前面内容相同，不另列表。措施项目清单同），编制分部分项工程量清单与计价表，见表 4-22。

表4-22　分部分项工程量清单与计价表

工程名称：河北石家庄某集中空调工程楼内系统   第1页　共3页

序号	项目编码	项目名称	项目特征	计量单位	工程数量	金额/元	
						综合单价	合价
1	030901004001	空调器	1. 形式：吊顶式 2. 质量：0.15t 以内 3. 型号：YAH02—4 4. 软管接口制作安装	台	1.000	4590.17	4590.17
2	030901005001	风机盘管	1. 形式：卧式暗装 YGFC03—2 2. 安装位置：吊顶式 3. 支架材质、规格：型钢 4. 除锈、刷油设计要求：手工除锈、刷防锈漆两遍、调和漆两遍 5. 软管接口制作安装	台	8.000	1208.57	9668.56
3	030901005002	风机盘管	1. 形式：卧式暗装 YGFC04—2 2. 安装位置：吊顶式 3. 支架材质、规格：型钢 4. 除锈、刷油设计要求：手工除锈、刷防锈漆两遍、调和漆两遍 5. 软管接口制作安装	台	11.000	1314.17	14455.87
4	030802001001	设备支架制作安装	1. 形式：一般管架 2. 除锈、刷油设计要求：手工除锈、刷防锈漆两遍、调和漆两遍	kg	20.000	11.86	237.20
5	030902001001	碳钢通风管道制作安装	1. 材质：碳钢 2. 形状：矩形 3. 周长或直径：800mm 以下 4. 板材厚度：0.5mm 5. 接口形式：咬口 6. 风管附件、支架设计要求 7. 除锈、刷油、防腐、绝热及保护层设计要求：手工除锈、刷防锈漆两遍、调和漆两遍 8. 难燃 B1 级橡塑保温板：25mm	m²	22.380	186.98	4184.61

（续）

工程名称：河北石家庄某集中空调工程楼内系统　　　　　　第2页　共3页

序号	项目编码	项目名称	项目特征	计量单位	工程数量	综合单价	合价
						金额/元	
6	030902001002	碳钢通风管道制作安装	1. 材质：碳钢 2. 形状：矩形 3. 周长或直径：2000mm 以下 4. 板材厚度：0.5mm 5. 接口形式：咬口 6. 风管附件、支架设计要求 7. 除锈、刷油、防腐、绝热及保护层设计要求：手工除锈、刷防锈漆两遍、调和漆两遍 8. 难燃 B1 级橡塑保温板：25mm	m²	29.650	164.27	4870.61
7	030903001001	碳钢调节阀制作安装	1. 类型：对开多叶调节风阀 2. 规格：795×320	个	1.000	292.03	292.03
8	030903001002	碳钢调节阀制作安装	1. 类型：防火调节阀70℃熔断 2. 规格：400×200	个	1.000	319.04	319.04
9	030903020001	消声器制作安装	1. 类型：微穿孔消声器 2. 规格：400×200×1000	kg	1.000	531.18	531.18
10	030903011001	铝及铝合金风口、散流器制作安装	1. 类型：防水百叶风口 2. 规格：795×320	个	1.000	174.46	174.46
11	030903011002	铝及铝合金风口、散流器制作安装	1. 类型：双层百叶送风口 2. 规格：120×120	个	11.000	31.51	346.61
12	030801002001	钢管	1. 安装部位（室内、外）：室内 2. 输送介质（给水、排水、热媒体、燃气、雨水）：冷热水 3. 接口材料 4. 材质：焊接钢管 5. 型号、规格：DN65 6. 连接方式：焊接（电弧焊） 7. 套管形式、材质、规格：钢套管 8. 除锈、刷油、防腐、绝热及保护层设计要求：手工除锈、刷防锈漆两遍 9. 难燃 B1 级橡塑保温管：30mm 10. 管道冲洗	m	44.000	84.97	3738.68

（续）

工程名称：河北石家庄某集中空调工程楼内系统　　　　　　第3页　共3页

序号	项目编码	项目名称	项目特征	计量单位	工程数量	金额/元	
						综合单价	合价
13	030801002002	钢管	1. 安装部位（室内、外）：室内 2. 输送介质（给水、排水、热媒体、燃气、雨水）：冷热水 3. 接口材料 4. 材质：焊接钢管 5. 型号、规格：DN20 6. 连接方式：螺纹联接 7. 套管形式、材质、规格：钢套管 8. 除锈、刷油、防腐、绝热及保护层设计要求：手工除锈、刷防锈漆两遍 9. 难燃B1级橡塑保温管：25mm 10. 管道冲洗	m	99.040	35.59	3524.83
14	030801005001	塑料管（UPVC、PVC、PP－C、PP－R、PE管等）	1. 安装部位（室内、外）：室内 2. 输送介质（给水、排水、热媒体、燃气、雨水）：凝结水 3. 接口材料 4. 材质：硬聚氯乙烯管UPVC 5. 型号、规格：D40 6. 连接方式：粘接 7. 套管形式、材质、规格：钢套管 8. 难燃B1级橡塑保温管：10mm 9. 管道冲洗	m	49.030	21.46	1052.18
15	030802001002	管道支架制作安装	1. 形式：木垫式管架 2. 除锈、刷油设计要求：手工除锈、刷防锈漆两遍、调和漆两遍	kg	102.000	13.26	1352.52
16	030803003001	焊接法兰阀门	1. 类型：手动调节阀 2. 型号、规格：DN65	个	1.000	621.28	621.28
17	030803003002	焊接法兰阀门	1. 类型：法兰蝶阀 2. 型号、规格：DN65	个	1.000	264.28	264.28
18	030803001001	螺纹阀门	1. 类型：螺纹铜球阀 2. 型号、规格：DN20	个	42.000	35.41	1487.22
19	030803001002	螺纹阀门	1. 类型：不锈钢软接头 2. 型号、规格：DN20	个	42.000	23.88	1002.96
20	030803001003	螺纹阀门	1. 类型：塑料软接头 2. 型号、规格：D25	个	26.000	6.18	160.68
21	030803005001	自动排气阀	1. 类型：自动排气阀 2. 型号、规格：DN20	个	2.000	51.76	103.52
		本页小计					13308.15
		合计					52978.49

2. 编制措施项目清单与计价表

根据招标单位提供的措施项目清单，编制措施项目清单与计价表，见表4-23。

表 4-23 措施项目清单与计价表

工程名称：河北石家庄某集中空调工程楼内系统　　　　　　　　　　第1页 共1页

项目编码	项目名称	金额/元
	1. 不可竞争措施项目	
1.1	安全防护、文明施工费	810.88
	2. 可竞争措施项目	
2.1.1	混凝土、钢筋混凝土模板及支架	
2.1.2	脚手架	371.43
2.1.3	大型机械设备进出场及安拆	
2.1.4	生产工具用具使用费	254.75
2.1.5	检验试验配合费	90.15
2.1.6	冬、雨期施工增加费	264.77
2.1.7	夜间施工增加费	94.49
2.1.8	二次搬运费	244.58
2.1.9	工程定位复测配合费及场地清理费	87.53
2.1.10	停水停电增加费	240.08
2.1.11	已完工程及设备保护费	51.23
2.1.12	施工排水、降水	
2.1.13	地上、地下设施、建筑物的临时保护措施	
2.1.14	施工与生产同时进行增加费	
2.1.15	有害环境中施工增加费	
2.1.16	超高费	
2.4.1	组装平台	
2.4.2	设备、管道施工的安全、防冻和焊接保护措施	
2.4.3	压力容器和高压管道的检验	
2.4.4	焦炉施工大棚	
2.4.5	焦炉烘炉、热态工程	
2.4.6	管道安装后的充气保护措施	
2.4.7	隧道内施工的通风、供水、供气、供电、照明及通信设施	
2.4.8	长输管道临时水工保护措施	
2.4.9	长输管道施工便道	
2.4.10	长输管道跨越或穿越施工措施	
2.4.11	长输管道地下穿越地上建筑物的保护设施	
2.4.12	长输管道工程施工队伍调遣	
2.4.13	格架式抱杆	
2.4.14	操作高度增加费	
	垂直运输机械	
	垂直运输机械	97.20
	系统调整费	
	系统调整费	742.38
	合 计	3349.47

3. 编制其他项目清单与计价表

本例略。

4. 计算规费、税金

根据计价规范规定的规费、税金的计价方法，计算规费、税金应取费用。

5. 编制单位工程费汇总表

根据上述计算结果，编制单位工程费汇总表，见表4-24。

表4-24 单位工程费汇总表

工程名称：河北石家庄某集中空调工程楼内系统 　　　　　　　　　　第1页 共1页

序号	名称	计算基数	费率（%）	金额/元	其中		
					人工费/元	材料费/元	机械费/元
1	分部分项工程量清单	STXM	100.000	52978.49	5485.39	42819.50	1772.13
2	措施项目清单	CSXM	100.000	3349.47	974.58	1789.42	139.76
3	其他项目清单	QTXM	100.000				
4	规费	STXM_FY3 + CSXM_FY3	100.000	1590.82			
5	税金	F1 + F2 + F3 + F4	3.450	1998.20			
	合计			59916.98	6459.97	44608.92	1911.89

6. 编制分部分项工程量清单综合单价分析表

分部分项工程量清单综合单价分析表见表4-25。

7. 编制措施项目清单综合单价分析表

措施项目清单综合单价分析表见表4-26。

8. 编制主要材料价格表

主要材料价格表见表4-18。

表4-25　分部分项工程量清单综合单价分析表

工程名称:河北石家庄某集中空调工程楼内系统

第1页　共5页

序号	项目编码（定额编号）	项目名称	单位	数量	综合单价/元	合价/元	综合单价组成/元				人工单价/元（工日）
							人工费	材料费	机械费	管理费和利润	
1	030901004001	空调器	台	1.000	4590.17	4590.17	137.85	4379.95	12.31	60.06	40.00
	9-396	空调器安装，吊顶式重量（0.15t以内）	台	1.000	4298.68	4298.68	68.40	4202.92	27.36	27.36	40.00
	9-77	软管接口	m²	0.970	300.50	291.49	71.60	182.50	12.69	33.71	40.00
2	030901005001	风机盘管	台	8.000	1208.57	9668.56	62.94	1082.37	27.2	36.06	40.00
	9-414	吊顶式风机盘管安装	台	8.000	1089.44	8715.52	33.60	1023.10	13.78	18.96	40.00
	9-77	软管接口	m²	2.290	300.50	688.15	71.60	182.50	12.69	33.71	40.00
	11-7	手工除一般钢结构轻锈	100kg	1.580	32.71	51.68	12.40	1.47	9.91	8.93	40.00
	11-115	一般钢结构，防锈漆第一遍	100kg	1.580	35.20	55.62	8.40	9.56	9.91	7.33	40.00
	11-116	一般钢结构，防锈漆第二遍	100kg	1.580	33.27	52.57	8.00	8.20	9.91	7.16	40.00
	11-122	一般钢结构，调和漆第一遍	100kg	1.580	33.78	53.37	8.00	8.71	9.91	7.16	40.00
	11-123	一般钢结构，调和漆第二遍	100kg	1.580	32.70	51.67	8.00	7.63	9.91	7.16	40.00
3	030901005002	风机盘管	台	11.000	1314.17	14455.87	65.23	1184.19	27.6	37.14	40.00
	9-414	吊顶式风机盘管安装	台	11.000	1185.44	13039.84	33.60	1119.10	13.78	18.96	40.00
	9-77	软管接口	m²	3.500	300.50	1051.75	71.60	182.50	12.69	33.71	40.00
	11-7	手工除一般钢结构轻锈	100kg	2.173	32.71	71.08	12.40	1.47	9.91	8.93	40.00
	11-115	一般钢结构，防锈漆第一遍	100kg	2.173	35.20	76.49	8.40	9.56	9.91	7.33	40.00
	11-116	一般钢结构，防锈漆第二遍	100kg	2.173	33.27	72.30	8.00	8.20	9.91	7.16	40.00
	11-122	一般钢结构，调和漆第一遍	100kg	2.173	33.78	73.40	8.00	8.71	9.91	7.16	40.00
	11-123	一般钢结构，调和漆第二遍	100kg	2.173	32.70	71.06	8.00	7.63	9.91	7.16	40.00
4	030802001001	设备支架制作安装	kg	20.000	11.86	237.2	2.89	6.40	1.02	1.56	40.00

工程名称：河北石家庄某集中空调工程楼内系统

序号	项目编码（定额编号）	项目名称	单位	数量	综合单价/元	合价/元	综合单价组成/元				人工单价/（元/工日）
							人工费	材料费	机械费	管理费和利润	
	9-341	设备支架CG327制作安装（50kg以下）	100kg	0.200	1018.51	203.70	244.00	603.65	52.33	118.53	40.00
	11-7	手工除一般钢结构轻锈	100kg	0.200	32.71	6.54	12.40	1.47	9.91	8.93	40.00
	11-115	一般钢结构，防锈漆第一遍	100kg	0.200	35.20	7.04	8.40	9.56	9.91	7.33	40.00
	11-116	一般钢结构，防锈漆第二遍	100kg	0.200	33.27	6.65	8.00	8.20	9.91	7.16	40.00
	11-122	一般钢结构，调和漆第一遍	100kg	0.200	33.78	6.76	8.00	8.71	9.91	7.16	40.00
	11-123	一般钢结构，调和漆第二遍	100kg	0.200	32.70	6.54	8.00	7.63	9.91	7.16	40.00
5	03090200 1001	碳钢通风管道制作安装	m²	22.380	186.98	4184.61	39.09	109.37	16.35	22.17	40.00
	9-9	镀锌薄钢板矩形风管（δ=1.2mm以内咬口）周长（800mm以下）制作安装	10m²	2.238	1202.94	2692.18	281.60	612.23	140.34	168.77	40.00
	11-7	手工除一般钢结构轻锈	100kg	0.935	32.71	30.58	12.40	1.47	9.91	8.93	40.00
	11-115	一般钢结构，防锈漆第一遍	100kg	0.935	35.20	32.91	8.40	9.56	9.91	7.33	40.00
	11-116	一般钢结构，防锈漆第二遍	100kg	0.935	33.27	31.11	8.00	8.20	9.91	7.16	40.00
	11-122	一般钢结构，调和漆第一遍	100kg	0.935	33.78	31.58	8.00	8.71	9.91	7.16	40.00
	11-123	一般钢结构，调和漆第二遍	100kg	0.935	32.70	30.57	8.00	7.63	9.91	7.16	40.00
	11-2168	橡塑绝热保温，风管（矩形）橡塑保温（厚30mm）	m³	0.560	2385.07	1335.64	362.00	1864.73	9.67	148.67	40.00
6	03090200 1002	碳钢通风管道制作安装	m²	29.650	164.27	4870.61	32.57	105.44	9.45	16.81	40.00
	9-11	镀锌薄钢板矩形风管（δ=1.2mm以内咬口）周长（2000mm以下）制作安装	10m²	2.965	983.62	2916.43	218.40	5775.06	73.43	116.73	40.00
	11-7	手工除一般钢结构轻锈	100kg	1.115	32.71	36.47	12.40	1.47	9.91	8.93	40.00
	11-115	一般钢结构，防锈漆第一遍	100kg	1.115	35.20	39.25	8.40	9.56	9.91	7.33	40.00
	11-116	一般钢结构，防锈漆第二遍	100kg	1.115	33.27	37.10	8.00	8.20	9.91	7.16	40.00

工程名称：河北石家庄某集中空调工程楼内系统

序号	项目编码（定额编号）	项目名称	单位	数量	综合单价/元	合价/元	综合单价组成/元				人工单价/（元/工日）
							人工费	材料费	机械费	管理费和利润	
	11-122	一般钢结构，调和漆第一遍	100kg	1.115	33.78	37.66	8.00	8.71	9.91	7.16	40.00
	11-123	一般钢结构，调和漆第二遍	100kg	1.115	32.70	36.46	8.00	7.63	9.91	7.16	40.00
	11-2168	橡塑绝热保温，风管（矩形）橡塑保温（厚30mm）	m³	0.741	2385.07	1767.34	362.00	1864.73	9.67	148.67	40.00
7	030903001001	碳钢调节阀制作安装	个	1.000	292.03	292.03	17.2	267.95		6.88	40.00
	9-121	调节阀安装，对开多叶调节阀周长（2800mm 以内）	个	1.000	292.03	292.03	17.20	267.95		6.88	40.00
8	030903001002	碳钢调节阀制作安装	个	1.000	319.04	319.04	8	307.84		3.20	40.00
	9-125	调节阀安装，风管防火阀周长（2200mm 以内）	个	1.000	319.04	319.04	8.00	307.84		3.20	40.00
9	030903020001	消声器制作安装	kg	1.000	531.18	531.18	28	491.98		11.20	40.00
	9-307	微孔板消声器（型号B(φ)=400 以内）安装	个	1.000	531.18	531.18	28.00	491.98		11.20	40.00
10	030903011001	铝及铝合金风口，散流器制作安装	个	1.000	174.46	174.46	24.8	137.04	1.93	10.69	40.00
	9-173	百叶风口周长（2500mm 以内）安装	个	1.000	174.46	174.46	24.80	137.04	1.93	10.69	40.00
11	030903011002	铝及铝合金风口，散流器制作安装	个	11.000	31.51	346.61	5.6	20.97	1.93	3.01	40.00
	9-170	百叶风口周长（900mm 以内）安装	个	11.000	31.51	346.61	5.60	20.97	1.93	3.01	40.00
12	030801002001	钢管	m	44.000	84.97	3738.68	9.65	61.55	7.08	6.70	40.00
	8-171	室内钢管（焊接）安装，DN65mm 以内	10m	4.400	593.05	2609.42	64.80	404.65	69.77	53.83	40.00
	11-1	手工除锈管道轻锈	10m²	1.044	19.34	20.19	12.40	1.98		4.96	40.00
	11-53	管道刷油，防锈漆第一遍	10m²	1.044	27.54	28.75	10.00	13.54		4.00	40.00
	11-54	管道刷油，防锈漆第二遍	10m²	1.044	25.71	26.84	10.00	11.71		4.00	40.00
	11-2167	橡塑绝热保温，橡塑保温管壳（厚30mm）φ133 以下	m³	0.460	2232.95	1027.16	206.00	1931.01	9.67	86.27	40.00

工程名称：河北石家庄某集中空调工程楼内系统

序号	项目编码（定额编号）	项目名称	单位	数量	综合单价/元	合价/元	综合单价组成/元				人工单价/（元/工日）
							人工费	材料费	机械费	管理费利润	
	8-359	管道消毒、冲洗，DN100mm以内	100m	0.440	59.80	26.31	25.20	24.52		10.08	40.00
13	030801002002	钢管	m	99.040	35.59	3524.83	8.75	23.23	0.08	3.53	40.00
	8-158	室内焊接钢管（螺纹联接）安装，DN20mm以内	10m	9.904	220.32	2182.05	66.80	126.80		26.72	40.00
	11-1	手工除管道轻锈	10m²	0.834	19.34	16.13	12.40	1.98		4.96	40.00
	11-53	管道刷油，防锈漆第一遍	10m²	0.834	27.54	22.97	10.00	13.54		4.00	40.00
	11-54	管道刷油，防锈漆第二遍	10m²	0.834	25.71	21.44	10.00	11.71		4.00	40.00
	11-2166	橡塑绝热保温，橡塑保温管壳（厚25mm）φ57以下	m³	0.420	2459.51	1032.99	322.00	1995.17	9.67	132.67	40.00
	8-358	管道消毒、冲洗，DN50mm以内	100m	0.990	42.21	41.79	19.20	15.33		7.68	40.00
	8-279	室内钢套管制作安装，公称直径（20mm以内）	个	10.000	20.76	207.60	2.40	16.88	0.37	1.11	40.00
14	030801005001	塑料管（UPVC、PVC、PP-C、PP-R、PE管等）	m	49.030	21.46	1052.18	5.13	14.23	0.04	2.07	40.00
	8-228	室内塑料给水管（粘接）安装，管外径（40mm以内）	10m	4.903	161.47	791.69	42.80	101.55		17.12	40.00
	8-358	管道消毒、冲洗，DN50mm以内	100m	0.490	42.21	20.68	19.20	15.33		7.68	40.00
	11-2166	橡塑绝热保温，橡塑保温管壳（厚10mm）φ57以下	m³	0.080	2459.51	196.76	322.00	1995.17	9.67	132.67	40.00
	8-281	室内钢套管制作安装，公称直径（32mm以内）	个	2.000	21.49	42.98	3.20	16.21	0.57	1.51	40.00
15	030802001002	管道支架制作安装	kg	102.000	13.26	1352.52	2.64	7.30	1.62	1.70	40.00
	8-306	室内木垫式管架制作安装	100kg	1.020	1158.33	1181.50	219.20	693.62	112.74	132.77	40.00
	11-7	手工除一般钢结构轻锈	100kg	1.020	32.71	33.36	12.40	1.47	9.91	8.93	40.00

工程名称：河北石家庄某集中空调工程楼内系统

序号	项目编码（定额编号）	项目名称	单位	数量	综合单价/元	合价/元	综合单价组成/元				人工单价/(元/工日)
							人工费	材料费	机械费	管理费和利润	
	11-122	一般钢结构，调和漆第一遍	100kg	1.020	33.78	34.46	8.00	8.71	9.91	7.16	40.00
	11-123	一般钢结构，调和漆第二遍	100kg	1.020	32.70	33.35	8.00	7.63	9.91	7.16	40.00
	11-115	一般钢结构，防锈漆第一遍	100kg	1.020	35.20	35.90	8.40	9.56	9.91	7.33	40.00
	11-116	一般钢结构，防锈漆第二遍	100kg	1.020	33.27	33.94	8.00	8.20	9.91	7.16	40.00
16	03080303001	焊接法兰阀门	个	1.000	621.28	621.28	15.6	555.82	31.16	18.70	40.00
	8-382	焊接法兰阀安装，DN65mm以内	个	1.000	621.28	621.28	15.60	555.82	31.16	18.70	40.00
17	03080303002	焊接法兰阀门	个	1.000	264.28	264.28	15.6	198.82	31.16	18.70	40.00
	8-382	焊接法兰阀安装，DN65mm以内	个	1.000	264.28	264.28	15.60	198.82	31.16	18.70	40.00
18	03080301001	螺纹阀门	个	42.000	35.41	1487.22	4	29.81		1.60	40.00
	8-365	螺纹阀安装，DN20mm以内	个	42.000	35.41	1487.22	4.00	29.81		1.60	40.00
19	03080301002	螺纹阀门	个	42.000	23.88	1002.96	1.04	22.43		0.42	40.00
	9-363	不锈钢软接头公称直径（20mm以内）	10个	4.200	238.84	1003.13	10.40	224.28		4.16	40.00
20	03080301003	螺纹阀门	个	26.000	6.18	160.68	0.68	5.23		0.27	40.00
	9-367	塑料软接头公称直径（20mm以内）	10个	2.600	61.83	160.76	6.80	52.31		2.72	40.00
21	03080305001	自动排气阀	个	2.000	51.76	103.52	8	40.56		3.20	40.00
	8-423	自动排气阀安装 DN20mm	个	2.000	51.76	103.52	8.00	40.56		3.20	40.00

表 4-26 措施项目清单综合单价分析表

工程名称：河北石家庄某集中空调工程楼内系统

序号	项目编码（定额编号）	项目名称	单位	数量	综合单价/元	合价/元	综合单价组成/元				人工单价/（元/工日）
							人工费	材料费	机械费	管理费利利润	
1.1		安全防护、文明施工费	项	1.000	810.88	810.88	191.10	444.88	70.33	104.57	
	1-1473	安全防护、文明施工费（安装）	项	1.000	810.88	810.88	191.10	444.88	70.33	104.57	
2.1.1		混凝土、钢筋混凝土模板及支架	项	1.000							
2.1.2		脚手架	项	1.000	371.43	371.43	84.25	253.48		33.70	
	8-878	给排水、采暖、燃气工程脚手架搭拆费	项	1.000	99.52	99.52	22.62	67.68		9.04	
	9-595	通风空调工程脚手架搭拆费	项	1.000	93.40	93.40	21.06	63.91		8.43	
	11-2776	刷油工程脚手架搭拆费	项	1.000	40.18	40.18	9.13	27.39		3.66	
	11-2778	绝热工程脚手架搭拆费	项	1.000	138.33	138.33	31.44	94.32		12.57	
2.1.3		大型机械设备进出场及安拆	项	1.000							
2.1.4		生产工具用具使用费	项	1.000	254.75	254.75		254.75			
	1-1463	生产工具用具使用费（安装）	项	1.000	254.75	254.75		254.75			
2.1.5		检验试验配合费	项	1.000	90.15	90.15	31.21	46.45		12.49	
	1-1464	检验试验配合费（安装）	项	1.000	90.15	90.15	31.21	46.45		12.49	
2.1.6		冬、雨期施工增加费	项	1.000	264.77	264.77	117.58	100.16		47.03	
	1-1465	冬、雨期施工增加费（安装）	项	1.000	264.77	264.77	117.58	100.16		47.03	
2.1.7		夜间施工增加费	项	1.000	94.49	94.49	45.72	30.48		18.29	
	1-1466	夜间施工增加费（安装）	项	1.000	94.49	94.49	45.72	30.48		18.29	
2.1.8		二次搬运费	项	1.000	244.58	244.58	108.87	92.17		43.54	
	1-1468	二次搬运费（安装）	项	1.000	244.58	244.58	108.87	92.17		43.54	
2.1.9		工程定位复测配合费及场地清理费	项	1.000	87.53	87.53	42.82	27.58		17.13	
	1-1469	工程定位复测配合费及场地清理费（安装）	项	1.000	87.53	87.53	42.83	27.58		17.13	
2.1.10		停水停电增加费	项	1.000	240.08	240.08	106.69	90.72		42.67	
	1-1470	停水停电增加费（安装）	项	1.000	240.08	240.08	106.69	90.72		42.67	
2.1.11		已完工程及设备保护费	项	1.000	51.23	51.23	13.79	31.93		5.51	
	1-1467	已完工程及设备保护费（安装）	项	1.000	51.23	51.23	13.79	31.93		5.51	
2.1.12		施工排水、降水	项	1.000							
2.1.13		地上、地下设施、建筑物的临时保护措施	项	1.000							

工程名称：唐山奶制品厂制冷机房安装工程

（续）
共2页
第2页

序号	项目编码（定额编号）	项目名称	单位	数量	综合单价/元	合价/元	人工费	材料费	机械费	管理费和利润	人工单价/（元/工日）
2.1.14		施工与生产同时进行增加费	项	1.000							
	1-1471	安装与生产同时进行增加费（安装）	项	1.000							
2.1.15		有害环境中施工增加费	项	1.000							
	1-1472	有害环境中施工增加费（安装）	项	1.000							
2.1.16		超高费	项	1.000							
2.4.1		组装平台	项	1.000							
2.4.2		设备、管道施工的安全、防冻和焊接保护措施	项	1.000							
2.4.3		压力容器和高压管道的检验	项	1.000							
2.4.4		焦炉施工大棚	项	1.000							
2.4.5		焦炉烘炉、热态工程	项	1.000							
2.4.6		管道安装后的充气保护措施	项	1.000							
2.4.7		隧道内施工的通风、供水、供气、供电、照明及通信设施	项	1.000							
2.4.8		长输管道临时水工保护措施	项	1.000							
2.4.9		长输管道施工便道	项	1.000							
2.4.10		长输管道跨越或穿越施工措施	项	1.000							
2.4.11		长输管道地下穿越地上建筑物的保护设施	项	1.000							
2.4.12		长输管道施工队伍调遣	项	1.000							
2.4.13		格架式抱杆	项	1.000							
2.4.14		操作高度增加费	项	1.000							
		垂直运输机械	项	1.000	97.20	97.20			69.43	27.77	
	8-912	垂直运输费（给排水、采暖、燃气工程）	项	1.000	36.19	36.19			25.85	10.34	
	9-616	垂直运输费（通风空调工程）	项	1.000	61.01	61.01			43.58	17.43	
		系统调整费	项	1.000	742.38	742.38	232.55	416.82		93.01	
	8-879	采暖工程系统调整费	项	1.000	337.42	337.42	140.68	140.47		56.27	
	9-597	通风空调工程系统调整费	项	1.000	404.96	404.96	91.87	276.35		36.74	

第五章 制冷安装工程造价

第一节 制冷安装工程基础知识与施工图简介

一、制冷系统概述

利用外界能量使热量从温度较低的物质（或环境）转移到温度较高的物质（或环境）的系统称为制冷系统。

制冷系统可分为蒸气制冷系统、空气制冷系统和热电制冷系统。其中，蒸气制冷系统可分为蒸气压缩式、蒸气吸收式和蒸气喷射式。目前在制冷装置中使用的主要是蒸气压缩式制冷系统。

1. 制冷系统的基本构成

（1）单级压缩系统的基本构成 由制冷原理可知，压缩机、冷凝器、节流阀、蒸发器是构成压缩式制冷系统必不可少的四大部件，把它们依次用管道连接起来，就形成了一个最基本的单级压缩系统。制冷剂在系统中经过压缩、冷凝、节流、蒸发四个过程，即可完成一个制冷循环，如图5-1所示。

（2）双级压缩系统的基本构成 图5-2所示是由低压级压缩机、高压级压缩机、中间冷却器、冷凝器、节流阀、蒸发器组成的双级压缩系统的基本构成。其循环过程是：低压级压缩机由蒸发器吸入低压蒸气，将其压缩至中间压力后排入中间冷却器，蒸气在中间冷却器内被冷却，再由高压级压缩机吸入并升压至冷凝压力送入冷凝器，在冷凝器中被冷凝成液体，再经节流阀供至蒸发器吸热蒸发，如此循环。

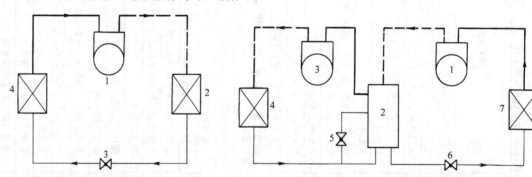

图5-1 单级压缩系统的基本构成　　　　图5-2 双级压缩系统的基本构成
1—压缩机 2—冷凝器 3—节流阀 4—蒸发器　　1—低压级压缩机 2—中间冷却器 3—高压级压缩机
　　　　　　　　　　　　　　　　　　　　4—冷凝器 5、6—节流阀 7—蒸发器

2. 制冷系统的实际构成

制冷系统的基本构成是制冷系统中必不可少的。但实际使用中的制冷系统为了提高运行的安全性和改善运行的经济性，增设了诸如贮液器、油分离器、气液分离器、排液桶、低压循环桶、液泵、集油器、放空气器、调节站、安全阀等设备和阀件，构成了比基本构成复杂得多的实际制冷系统。制冷剂在制冷系统中循环，达到制冷的目的。可以看出，实际制冷系统比基本系统复杂得多。

二、制冷装置常用机组、设备、阀件及管材

1. 机组

（1）机组型式

1）制冷压缩机组。制冷压缩机组由压缩机、电动机、控制台、螺杆压缩机和油路系统等组成。

2）压缩-冷凝机组。压缩-冷凝机组是将压缩机组、冷凝器、油分离器等组装成一个整体（有的包括贮液器）。该机组可完成压缩、冷凝两个过程。

3）冷水（盐水、乙醇）机组。该机组是由压缩机、油分离器、冷凝器、节流阀、蒸发器等组成的一个完整的制冷装置。该机组结构紧凑、占地面积小，安装方便，只需连接冷却水管、载冷剂接管和电源，即可投入运转。用于对各个需冷领域提供冷水或0℃以下的低温冷源。

（2）机器缸径和缸数　国产中型活塞式制冷压缩机气缸直径有70mm、100mm、125mm、170mm等几种；气缸数有2缸、3缸、4缸、6缸、8缸等。

（3）气缸布置形式　气缸布置形式与缸数有关。2缸机器为L（直立式）或V形布置；3缸机器为W形布置；4缸机器为扇形或V形布置；6缸机器为W形布置；8缸机器为S形（扇形）布置。

氨活塞式制冷压缩机基本参数见表5-1。

表 5-1　氨活塞式制冷压缩机基本参数

缸径/mm	活塞行程/mm	缸数/个	转速/(r/min)	活塞行程容积/(m³/h)	制冷量/kW	轴功率/kW	气缸布置形式
70	55	2	1440	36.3	15.28	4.522	V
		3		54.9	22.891	6.75	W
		4		73.2	30.561	8.88	S
		6		109.8	45.282	13.40	W
		8		146.4	61.122	17.80	S
100	70	2	960	63.4	27.075	8.12	V
		4		126.8	54.056	16.00	V
		6		190.2	81.224	23.80	W
		8		253.6	108.298	31.60	S
125	100	2	960	141.5	61.005	18.30	V
		4		283.0	122.01	36.10	V
		6		424.5	183.596	53.90	W
		8		566.0	244.02	71.20	S
170	140	2	720	275.0	127.81	36.40	V
		4		550.0	255.64	71.90	V
		6		820.0	383.46	107.10	W
		8		1100.0	511.28	142.0	S

2. 设备

制冷装置的设备很多，其中主要设备有以下几种：

（1）冷凝器　冷凝器是制冷装置中主要设备之一，用于将高压气体冷凝成液体。冷凝器的形式较多，有蒸发式冷凝器、立式（壳管式）冷凝器、卧式（壳管式）冷凝器和空气式冷凝器等。每一种形式的冷凝器又有不同的型号。立式冷凝器技术数据见表5-2。

表5-2　立式冷凝器技术数据

型号	冷凝面积/m^2	质量/kg	型号	冷凝面积/m^2	质量/kg
LN30	30	1170	LN150B	150	5400
LN35	35	1350	LN200	200	6050
LN55	55	1850	LN250	250	7500
LN75	75	2300	LN310	310	9350
LN100	100	3100	LN370B	370	13170
LN120	120	3600	LN450B	450	15670
LN150	150	4450			

（2）蒸发器　蒸发器是制冷装置的主要设备之一，制冷剂液体在蒸发器内吸收被冷却物体或环境的热量而蒸发成气体。蒸发器有多种类型：冷却空气的墙排管、顶排管、冷风机；冷却液体的壳管式蒸发器、盐水蒸发器等。各种类型的蒸发器又有不同的形式和型号。例如，冷风机根据安装位置分为落地式冷风机和吊顶式冷风机。落地式冷风机的技术数据见表5-3。

表5-3　落地式冷风机的技术数据

型号	冷却面积/m^2	质量/kg	型号	冷却面积/m^2	质量/kg
KLD—100	100	1000	KLL—150	153	1219
KLD—150	153	1219	KLL—250	256	2692
KLD—200	204	1690	KLL—350	344	2950
KLD—250	256	2692	KLJ—200	204	1690
KLD—300	301	2790	KLJ—300	301	2790
KLD—350	344	2950	KLJ—350	344	2950
KLL—125	125	1033	KLJ—400	400	3122

（3）贮液器　贮液器又称高压贮液桶，在制冷系统中用于调节和稳定制冷剂循环量，贮存高压液体制冷剂，并起着液封的作用。

（4）低压循环贮液器　低压循环贮液器是液泵供液系统的专用设备，用于贮存和稳定地供给液泵循环所需的低压液体，同时，又能对低压回气进行气液分离，保证压缩机的安全运行，必要时又可兼作排液桶。立式低压循环贮液器的技术数据见表5-4。

表5-4　立式低压循环贮液器的技术数据

型号	容积/m^3	桶径/mm	质量/kg	型号	容积/m^3	桶径/mm	质量/kg
DXZ—1.5	1.5	800	679	DXZ—3.5	3.5	1200	1330
DXZ—2.5	2.5	1000	857	DXZ—5.0	5.0	1400	1840

（5）油分离器　油分离器用于分离高压排气中夹带的润滑油。

（6）氨液分离器　氨液分离器分机房氨液分离器和库房氨液分离器，其主要作用都是进行气液分离，防止压缩机发生液击现象。库房氨液分离器还具有以下作用：经节流后的湿蒸气进入氨液分离器后，将蒸气分离，只让液氨进入蒸发器，使蒸发器的传热面积得到充分利用。

（7）中间冷却器　中间冷却器用于双级压缩制冷系统，它的作用是冷却低压机排出的过热蒸气，将冷凝后的饱和液体冷却到设计规定的过冷温度，同时，还起着分离低压机排气所夹带的润滑油及液滴的作用。

（8）冷却塔　冷却塔是制冷空调装置中最常用的水冷却设备，其作用是使携带热量的冷却水在塔内与空气进行换热，并使热量传给空气并散入大气。它由塔体、淋水装置、配水系统、通风设备、集水器及进、出水管等组成。LBCM 型玻璃钢冷却塔的技术数据见表 5-5。

表 5-5　LBCM 型玻璃钢冷却塔的技术数据

型号	冷却水量/（m³/h）	扬程/m	型号	冷却水量/（m³/h）	扬程/m
LBCM—30	30	2.3	LBCM—150	150	4.1
LBCM—50	50	2.5	LBCM—175	175	4.1
LBCM—65	65	2.8	LBCM—200	200	4.1
LBCM—80	80	3.2	LBCM—250	250	4.5
LBCM—100	100	3.5	LBCM—300	300	4.5
LBCM—125	125	3.7			

3．阀件

（1）过滤器　过滤器用于去除制冷剂中的污物、杂质等。氨系统中的过滤器有氨气过滤器和氨液过滤器两种。氨气过滤器设在压缩机的吸气管道上，用于保证压缩机正常工作；氨液过滤器设在节流阀、浮球阀等的前面，防止阀门堵塞或损坏。过滤器根据安装形式分螺纹联接和法兰联接两种。氨液过滤器如图 5-3 所示，其技术数据见表 5-6。

（2）节流阀　节流阀是制冷系统不可缺少的主要设备之一，用于制冷剂液体的节流降压。

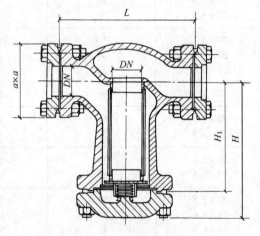

图 5-3　氨液过滤器

表 5-6　氨液过滤器的技术数据

型号	公称直径 DN/mm	型号	公称直径 DN/mm
YG—15	15	YG—32	32
YG—20	20	YG—40	40
YG—25	25	YG—50	50

（3）浮球阀　浮球阀是节流阀的一种，用于节流降压和自动控制容器的液面。当容器

内液面降低时，浮球阀自行开大；当液面升高时，则自行关小直至关闭阀门。

（4）截止阀　截止阀分低压、中压、高压阀门，根据安装形式又有螺纹阀门、法兰阀门、焊接阀门之分。阀门规格以公称直径表示，如 *DN*25、*DN*50 等。

4. 管材

制冷装置中常用的管材主要是无缝钢管和铜管，也有少数特殊用途的制冷管道采用不锈钢管等。

制冷装置常用无缝钢管规格及技术数据见表 5-7 。

表 5-7　常用无缝钢管规格及技术数据

外径×壁厚/mm×mm	内径/mm	理论质量/(kg/m)	1m 长容量/(L/m)	1m² 的管长/(m/m²)
6×1.5	3	0.166	0.0071	52.63
8×2.0	4	0.296	0.0126	40.00
10×2.0	6	0.395	0.0283	32.26
14×2.0	10	0.592	0.0785	22.72
18×2.0	14	0.789	0.1540	17.54
22×2.0	18	0.986	0.2545	14.49
25×2.0 25×2.5 25×3.0	21 20 19	1.13 1.39 1.63	0.3464 0.3142 0.2835	12.66
32×2.5 32×3.0	27 26	1.76 2.15	0.5726 0.5309	9.90
38×2.2 38×2.5 38×3.0	33.6 33 32	1.94 2.19 2.59	0.8867 0.8553 0.8042	8.4
45×2.5	40	2.62	1.2566	7.09
57×3.0 57×3.5	51 50	4.00 4.62	2.0428 1.9635	5.59
76×3.0 76×3.5	70 69	5.40 6.26	3.8485 3.7393	4.18
89×3.5 89×4.0 89×4.5	82 81 80	7.38 8.38 9.38	5.2810 5.1530 5.0265	3.57
108×4.0	100	10.26	7.8540	2.95
133×4.0 133×4.5	125 124	12.73 14.26	12.2718 12.0763	2.39
159×4.5 159×6.0	150 147	17.15 22.64	17.6715 16.9717	2.00
219×6.0 219×8.0	207 203	31.52 41.63	33.6535 32.3655	1.45

（续）

外径×壁厚/mm×mm	内径/mm	理论质量/(kg/m)	1m 长容量/(L/m)	1m² 的管长/(m/m²)
273×7.0	259	45.92	52.6853	1.17
273×8.0	257	52.28	51.8748	

注：该表摘自 GB/T 8163—2008。

三、制冷安装工程施工图简介

制冷安装工程施工图主要有：

（1）**制冷系统原理图**　制冷系统原理图直接表达设计所采用的制冷方案，如供液方式、冷却方式、压缩级数等，还可反映出机器、设备、阀件的规格和数量。但不表示机器设备的确切位置、设备管道的标高关系及管道的长度等。制冷系统原理图如图 5-4 所示。

（2）**设备平面布置图**　设备平面布置图是设计人员实现制冷系统原理图中制冷方案的具体构思。它能反映出机器、设备及其基础与建筑物或相互之间在平面上的相对位置和具体尺寸，是施工安装的依据，也是计算工程量的主要依据之一。某机器间平面布置图如图 5-5 所示。

（3）**设备剖面布置图**　设备剖面布置图用来表示机器、设备、管道的立面布置情况和安装尺寸。在剖面图上可以看出机器、设备的基础高度以及管道的标高，还可看出机器设备与管道的连接方法，管道位置及固定方法等。剖面图一般用平面图注明的剖切线号来命名，如Ⅰ—Ⅰ剖面等。工程量计算中，高度上的尺寸主要通过剖面图来确定。某机器间设备剖面布置图如图 5-6 所示。

（4）**制冷系统透视图**　制冷系统透视图用以表示全系统机器、设备、管道等外形、相对位置、朝向等，是以平、剖面图为依据按轴测投影原理绘制的。该图立体感强，有利于看清楚整个系统管道的来龙去脉，看起来十分方便。通过系统透视图，可以很快查清各种弯头的形式和数量，查清各种阀门、管道、阀件（如法兰等）的规格和数量。系统透视图有利于不太熟悉制冷专业的预算人员对图样的了解。

除此之外，还有通用图、大样图等图样。

四、制冷安装工程施工图阅读实例

下面以图 5-5、图 5-6 为例，识读某机器间设备、管道平剖面布置图。

由图 5-5 可知，该机器间设有 2 台压缩机 1，1 台卧式冷凝器 2（实际还有 1 台贮液器 3 在下边）及调节站 6，一根低压吸气管自设备间氨液分离器 4 接过来引往压缩机。图上清楚地表明了机器、设备的布置位置，机器之间的间距，机器与冷凝器的间距等。根据该图和设备外形图，就可以确定机器间内吸气管、排气管的水平长度。

同样，由图 5-6 的Ⅰ—Ⅰ剖面可知，机器间内的地坪标高为 -0.500，压缩机基础高度为 150mm，上面一根吸气管的标高为 2.700，下面一根吸气管和排气管的标高为 2.70 - 0.15 = 2.550。根据标高和压缩机的实际尺寸，即可确定吸气管、排气管的垂直长度。由剖面图Ⅱ—Ⅱ可知，贮液器布置在冷凝器下面，其基础高度为 250mm；冷凝器中心布置高度为 2000mm，冷凝器与贮液器之间用下液管连通。据此即可确定冷凝器支架的高度和排气管的垂直长度。

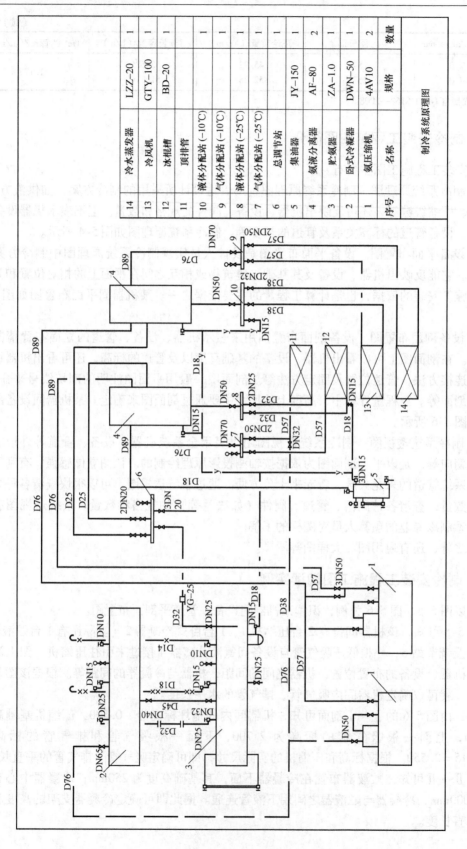

序号	名称	规格	数量
14	冷水蒸发器	LZZ-20	1
13	冷风机	GTY-100	1
12	冰棍槽	BD-20	1
11	顶排管		1
10	液体分配站（-10℃）		1
9	气体分配站（-10℃）		1
8	液体分配站（-25℃）		1
7	气体分配站（-25℃）		1
6	总调节站		1
5	集油器	JY-150	1
4	氨液分离器	AF-80	2
3	贮氨器	ZA-1.0	1
2	卧式冷凝器	DWN-50	1
1	氨压缩机	4AV10	2

制冷系统原理图

图 5-4 制冷系统原理图

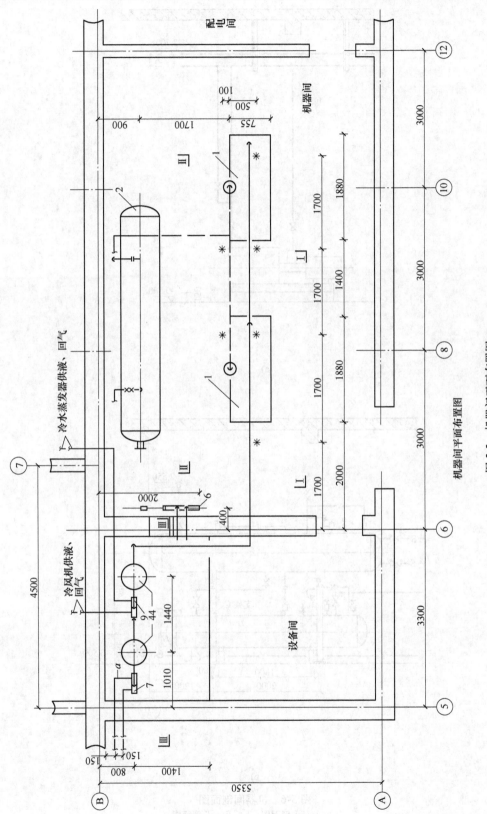

图 5-5　机器间平面布置图

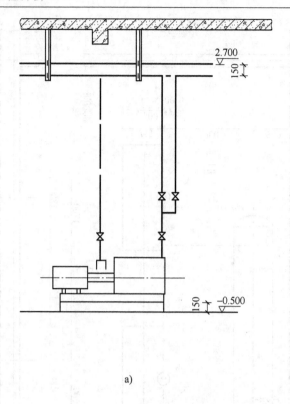

a)

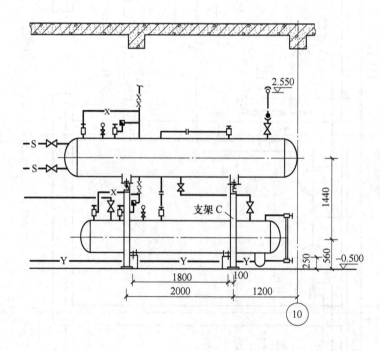

b)

图 5-6 机器间剖面图

a) Ⅰ—Ⅰ剖面图   b) Ⅱ—Ⅱ剖面图

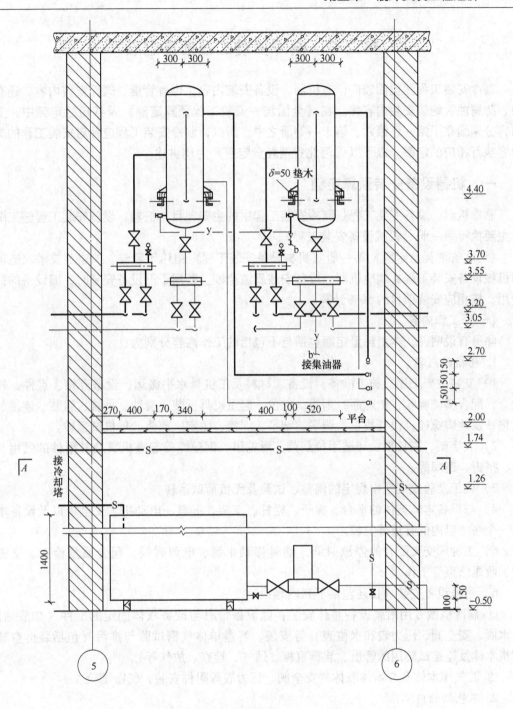

c)

图 5-6　机器间剖面图（续）
c）Ⅲ—Ⅲ剖面图

　　这样，根据平面图确定了管道的水平长度，根据剖面图确定了管道的垂直长度，这就为
管道工程量计算打下了基础。

第二节　制冷安装工程预算定额

制冷安装工程涵盖面较广，有机器、设备安装内容，也有管道、阀件安装内容，还有刷油、防腐蚀、绝热安装内容等。在《全国统一安装工程预算定额》及各地区定额中，上述内容分别编在了第一、第六、第十一等册之中。所以，制冷安装工程应针对安装工程的具体内容执行相应的定额。以下以《河北省消耗量定额》为例讲述。

一、机器设备安装预算定额

制冷机器、设备安装工程是制冷安装工程中的主要项目，机器、设备安装工程施工图预算主要执行第一册《机械设备安装工程》。

《河北省消耗量定额》第一册《机械设备安装工程》适用于新建、扩建及技术改造项目的机械设备安装工程。制冷机器、设备安装属该范围。若用于旧设备安装时，旧设备的拆除费用，按相应安装项目的50%计算。

（一）工作内容

除另有说明外，本消耗量定额包括与不包括的工作内容分别为：

1. 包括的内容

1）安装主要工序。施工准备，设备、材料及工机具水平搬运，设备开箱、点件、外观检查，配合基础验收，铲麻面，划线，定位，起重机具拆装、清洗、吊装、组装、连接、安放垫铁及地脚螺栓，设备找正、调平、精平、焊接、固定、灌浆、单机试运转。

2）人字架、三角架、环链手拉葫芦、滑轮组、钢丝绳等起重机具及其附件的领用、搬运、搭拆、退库等。

3）施工及验收规范中规定的调整、试验及无负荷试运转。

4）与设备本体连体的平台、梯子、栏杆、支架、屏盘、电动机、安全罩以及设备本体第一个法兰以内的管道等安装。

5）工种间交叉配合的停歇时间，临时移动水源、电源时间，配合质量检查、交工验收、收尾结束等工作。

6）附属设备安装项目还包括下列内容：

① 制冷机械专用附属设备整体安装；随设备带有与设备联体固定的配件（如放油阀、放水阀、安全阀、压力表和水位表）等安装。容器单体气密试验与排污（包括装拆空气压缩机本体及连接试验用的管道、装拆盲板、通气、检查、放气等）。

② 贮气罐本体及与本体联体的安全阀、压力表等附件安装，气密试验。

2. 不包括的内容

1）设备自仓库运至安装现场指定堆放地点的搬运工作。

2）因场地狭小，有障碍物（沟、坑）所引起的设备、材料、机具等增加的二次搬运、拆装工作。

3）设备基础的铲磨，地脚螺栓孔的修整、预压，以及在木砖地层上安装设备所需增加的费用。

4）设置构件、机件、零件、附件、管道及阀门、基础及基础盖板等的修理、修补、修改、加工、制作、焊接、煨弯、研磨、防振、防腐、保温、刷漆以及测量、透视、探伤、强度试验等工作。

5）特殊技术措施及大型临时设施、大型设备安装所需的专用机具等费用。

6）设备本体无负荷试运转所用的水、电、气、油、燃料等。

7）负荷试运转、联合试运转、生产准备试运转。

8）专用垫铁、特殊垫铁和地脚螺栓。

9）脚手架搭拆。

10）设计变更或超规范要求所需增加的费用。

11）设备的拆装检查或解体拆装。

12）电气系统、仪表系统、通风系统、设备本体第一个法兰以外的管道系统等的安装、调试工作；非与设备本体连体的附属设备或附件（如平台、梯子、栏杆、支架、容器、屏盘等）的制作、安装、刷油、防腐、保温等工作。

13）压缩机安装中介质的充灌。

上述内容发生时应另行计算。

（二）各项费用的规定

1）超高费用。设备底座的安装标高超过地平面正或负10m时，则项目的人工和机械乘以调整系数见表5-8。

表5-8 调整系数表

设备底座正、负标高/m（以内）	15	20	25	30	40	超过40
调整系数	1.25	1.35	1.45	1.55	1.70	1.90

2）金属桅杆及人字架等一般起重机具的摊销费。金属桅杆及人字架等一般起重机具的摊销费按所安装设备的净质量（包括设备底座、辅机），按每吨12.00元计取。

3）活塞式V、W、S形压缩机组、离心式压缩机的安装是按单级压缩机考虑的，安装同类型双级压缩机时，按相应项目的人工乘以系数1.40。

4）离心式压缩机是按单轴考虑的，安装双轴离心式压缩机时，按相应项目的人工乘以系数1.40。

5）制冷设备各种容器的单体气密试验与排污项目是按试一次考虑的，如"技术规范"或"设计要求"需要多次连续实验时，则第二次的试验按第一次相应项目乘以调整系数0.9，第三次及其以上的试验，从第三次起均按第一次的相应项目乘以系数0.75。

6）制冷站（库）、空气压缩站等工程的系统调整费，按各站工艺系统内安装工程人工费的35%计算，其中人工工资占50%。在计算系统调整费时，按下列规定计算。

① 上述系统调整费仅限于全部采用第一册《机械设备安装工程》、第二册《电气设备安装工程》、第五册《静置设备与工艺金属结构制作安装工程》、第六册《工业管道工程》、第十一册《刷油、防腐蚀、绝热工程》等定额的站内工艺系统安装工程时才可计取。

② 各站内工艺系统安装工程的人工费，必须全部由上述定额的人工费组成，如果有缺项时，缺项部分的人工费在计算系统调整费时应予以扣除，不参加系统调整费的计算。

（三）工程量计算规则

1）本消耗量定额除另有说明者外，均以"台"为计量单位，以设备质量"t"分列项目。设备质量以设备的铭牌质量为准；如果没有铭牌质量，则以产品目录、样本、说明书所注的设备净质量为准。

2）计算设备质量时，除另有规定外，应按设备本体及联体的平台、梯子、栏杆、支架、屏盘、电动机、安全罩和设备本体第一个法兰以内的管道等全部质量计算。

3）风机、泵安装以"台"为计量单位，以设备质量"t"分列项目。在计算设备质量时，直联式风机、泵以本体及电动机、底座的总质量计算；非直联式的风机和泵以本体和底座的总质量计算，不包括电动机质量。

4）压缩机安装以"台"为计量单位，以设备质量"t"或机组形式分列项目。在计算设备质量时，按不同型号分别计算。

5）制冷机组安装以"台"为计量单位，以机组形式、设备质量"t"分列项目。

6）制冰设备、润滑油处理设备以"台"为计量单位，按设备类别、名称及型号、质量分列项目。

7）冷风机以"台"为计量单位，按设备名称、冷却面积（或直径）及质量分列项目。冷风机的设备质量按冷风机本体、电动机及底座的总质量计算。

8）立式壳管式冷凝器、卧式壳管式冷凝器及蒸发器、淋水式冷凝器、蒸发式冷凝器、立式蒸发器、中间冷却器以"台"为计量单位，按设备冷却面积（m^2以内）分列项目。

9）低压循环贮液器和高压贮液器（排液桶）以"台"为计量单位，按设备名称和容积（m^3以内）分列项目。

10）氨油分离器以"台"为计量单位，按设备直径（mm以内）分列项目。

11）氨液分离器和空气分离器以"台"为计量单位，按设备名称、规格分列项目。

12）氨液过滤器、氨气过滤器以"台"为计量单位，按设备名称、直径（mm以内）分列项目。

13）玻璃钢冷却塔以"台"为计量单位，按设备处理水量（m^3/h以内）分列项目。

14）集油器、油视镜、紧急泄氨器以"台"或"支"为计量单位，按设备名称及直径（mm以内）分列项目。

15）制冷容器单体试密与排污以"次/台"为计量单位，按设备容量（m^3以内）分列项目。

16）零星小型金属结构件制作与安装以"每100kg"为计量单位，按金属结构件单体质量（kg）分制作与安装。

17）计算一般起重机械摊销费时，各附属设备质量可参见表5-9，表中的缺项可按设备实际质量计算。

表5-9　单台附属设备型号、质量参考表

设备名称	设备型号规格/（设备参考质量/t）
立式壳管式冷凝器	冷却面积50m^2/3，75/4，100/5，150/7，200/9，250/11
卧式壳管式冷凝器	冷却面积20m^2/1，30/2，60/3，80/4，100/5，120/6，140/8，180/9，200/12
淋水式冷凝器	冷却面积30m^2/1.5，40/2，60/2.5，75/3.5，90/4
蒸发式冷凝器	冷却面积20m^2/1，40/1.7，80/2.5，100/3，150/4，200/6，250/7
立式蒸发器	蒸发面积20m^2/1.5，40/3，60/4，90/5，120/6，160/8，180/9，240/12

（续）

设备名称	设备型号规格/（设备参考质量/t）
立式低压循环桶	容积2.5m³/1.5，3.5/2，5/3
氨油分离器	直径325mm/0.15，500/0.3，700/0.6，800/1.2，1000/1.75，1200/2
氨液分离器	直径500mm/0.3，600/0.4，800/0.6，1000/0.8，1200/1，1400/1.2
空气分离器	冷却面积0.45m²/0.06，1.82/0.13
氨气过滤器	直径100mm/0.1，200/0.2，300/0.5
氨液过滤器	直径25mm/0.025，50/0.025，100/0.05
中间冷却器	冷却面积2m²/0.5，3.5/0.6，5/1，8/1.6，10/2，12/3
玻璃钢冷却塔	流量30m³/0.4，50/0.5，70/0.8，100/1，150/2，250/2.5，300/3.5，500/4，700/5.5
集油器	直径219mm/0.05，325/0.1，500/0.2
紧急泄氨器	直径108mm/0.02
贮气罐	设备容积2m³/0.7，5/1.3，8/1.8，11/2.3，15/2.8
高压贮液器	容积1m³/0.7，1.5/1，2/1.51，3/2，5/2.5

（四）预算定额

1. 制冷机组安装预算定额

制冷机组安装分制冷压缩机组安装和冷水机组安装两类。制冷压缩机组安装根据机组形式分别执行活塞式、螺杆式、离心式制冷压缩机组安装消耗量定额；冷水机组、热泵机组安装则执行制冷机组安装消耗量定额。活塞式V、W、S形制冷压缩机组安装消耗量定额见表5-10。

表5-10　活塞式V、W、S形制冷压缩机组安装消耗量定额　（单位：台）

定额编号		1-1061	1-1062	1-1063	1-1064
机组形式		V形			
气缸数量/个		2			
缸径/机组质量/（mm/t）		100/0.5	125/1.5	170/3	200/5
基价/元		1169.14	1582.53	2188.36	3876.75
其中	人工费/元	807.60	1078.40	1502.80	2385.60
	材料费/元	284.18	426.77	577.30	1001.01
	机械费/元	77.36	77.36	108.26	490.14
定额编号		1-1065	1-1066	1-1067	1-1068
机组形式		V形			
气缸数量/个		4			
缸径/机组质量/（mm/t）		100/0.75	125/2	170/4	200/6
基价/元		1374.70	1969.53	2850.02	4589.40
其中	人工费/元	958.40	1395.60	1952.80	2931.60
	材料费/元	338.94	496.57	645.27	1059.02
	机械费/元	77.36	77.36	251.95	598.78

（续）

定额编号	1-1069	1-1070	1-1071	1-1072
机组形式	W形			
气缸数量/个	6			
缸径/机组质量/(mm/t)	100/1	125/2.5	170/5	200/8
基价/元	1642.00	2236.43	3361.47	5509.97
其中 人工费/元	1186.80	1608.40	2270.00	3485.20
材料费/元	377.84	538.83	700.43	1458.30
机械费/元	77.36	89.20	391.04	566.47
定额编号	1-1073	1-1074	1-1075	1-1076
机组形式	S形			
气缸数量/个	8			
缸径/机组质量/(mm/t)	100/1.5	125/3	170/6	200/10
基价/元	1830.48	2669.04	4101.49	6439.43
其中 人工费/元	1325.60	1936.00	2554.80	3938.00
材料费/元	427.52	612.93	999.28	1612.68
机械费/元	77.36	120.11	547.41	888.75

2. 附属设备安装预算定额

制冷附属设备规格、型号较多，编制预算时应根据具体情况执行。表5-11、表5-12分别为高压贮液器安装和制冷容器单体试密与排污消耗量定额。

表 5-11 高压贮液器（排液桶）消耗量定额　　　　（单位：台）

定额编号	1-1357	1-1358	1-1359	1-1360	1-1361
项目名称	高压贮液器				
	设备容积/m³（以内）				
	1	1.5	2	3	5
基价/元	683.94	800.36	867.68	970.67	1118.12
其中 人工费/元	298.00	411.60	436.40	535.20	610.00
材料费/元	308.58	311.40	327.09	331.28	377.10
机械费/元	77.36	77.36	104.19	104.19	131.02

表 5-12 制冷容器单体试密与排污消耗量定额

定额编号	1-1432	1-1433	1-1434
项目名称	设备容积（m³ 以内）		
	1	3	5
基价/元	302.05	483.52	670.71
其中 人工费/元	149.20	199.60	252.00
材料费/元	16.95	23.96	34.70
机械费/元	135.90	259.96	384.01

3. 措施项目定额

措施项目分可竞争措施项目和不可竞争措施项目，也是以定额表的形式出现的。

1）可竞争措施项目。可竞争措施项目定额见表5-13，计费时以定额中实体消耗项目的人工费、机械费之和为计算基数。

表5-13　可竞争措施项目定额

定额编号		1-1463	1-1464	1-1465	1-1466	1-1467
项目名称		生产工具、用具使用费	检验试验配合费	冬、雨期施工增加费	夜间施工增加费	已完工程及设备保护费
基价（%）		3.51	1.07	3.00	1.05	0.63
其中	人工费（%）	—	0.43	1.62	0.63	0.19
	材料费（%）	3.51	0.64	1.38	0.42	0.44
	机械费（%）	—	—	—	—	—
定额编号		1-1468	1-1469	1-1470	1-1471	1-1472
项目名称		二次搬运费	工程定位配合费及场地清理费	停水停电增加费	安装与生产同时进行增加费	有害环境中施工增加费
基价（%）		2.77	0.97	2.72	6.17	6.17
其中	人工费（%）	1.50	0.59	1.47	6.17	6.17
	材料费（%）	1.27	0.38	1.25	—	—
	机械费（%）	—	—	—	—	—

2）不可竞争措施项目。不可竞争措施项目定额见表5-14，计费时以实体消耗项目和可竞争措施费项目（其他措施项目除外）的人工费、机械费之和为计算基数。

表5-14　不可竞争措施项目定额

定额编号		1-1473
项目名称		安全防护、文明施工费
基价（%）		9.24
其中	人工费（%）	2.50
	材料费（%）	5.82
	机械费（%）	0.92

二、管道安装预算定额

《河北省消耗量定额》第六册《工业管道工程》适用于新建、扩建项目中厂区范围内的车间、装置、站、罐区及相互之间各种生产介质输送管道，厂区第一个连接点以内的生产用（包括生产与生活共用）给水、排水、蒸汽、煤气输送管道安装工程。

制冷装置工艺管道包括吸气管、排气管、液体管、油管、水管等，主要用于输送制冷剂、润滑油、冷却水等介质，均属于该范围。所以，制冷装置工艺管道安装工程主要执行第六册《工业管道工程》的规定。

（一）定额的有关规定

1. 《工业管道工程》与其他册定额的关系

1）单件重100kg以上的管道支架、管道预制钢平台的搭拆、摊销，执行第五册《静置设备与工艺金属结构制作安装工程》相应项目。

2）管道和安装支架的喷砂除锈、刷油、防腐蚀、绝热等，执行第十一册《刷油、防腐蚀、绝热工程》相应项目。

2. 有关费用规定

1）车间内整体封闭式地沟管道，其人工、机械乘以系数1.2（管道安装后盖板封闭地沟除外）。

2）超低碳不锈钢管执行不锈钢管项目，其人工和机械乘以系数1.15，焊条消耗量不变，单价可换算。

3）高合金钢管执行合金钢管项目，其人工和机械乘以系数1.15，焊条消耗量不变。

（二）管道安装

1. 管道安装工作内容

（1）管道安装包括的内容

1）碳钢管、不锈钢管、合金钢管及有色金属管、非金属管、生产用铸铁管的安装。

2）直管安装全部工序内容，包括管子切口、套螺纹、管口连接、煨弯、组对、焊接、坡口加工、垂直运输、管道安装等。

（2）管道安装不包括的内容

1）管件连接。

2）阀门、法兰安装。

3）管道压力试验、吹扫与清洗。

4）焊口无损探伤与热处理。

5）管道支架制作与安装。

6）管口焊接，管内、外充氩保护。

7）管件制作、揻弯。

2. 管道安装工程量计算规则

1）管道安装按压力等级、材质、焊接（连接）形式、公称直径分别列项，以"10m"为计量单位。

2）计算管道安装工程量，均按设计管道中心长度以"延长米"计算，不扣除阀门及各种管件所占长度，主材应按定额用量计算。

3）管道安装不包括管件连接内容，其工程量可按设计用量执行管件连接项目。

4）有缝钢管螺纹联接项目已包括封头、补芯安装内容，不得另行计算。

5）伴热管项目已包括揻弯工作内容，不得另行计算。

6）加热套管安装按内、外管分别计算工作量，执行相应定额项目。

7）衬里钢管预制安装，管件按成品、弯头两端按接短管焊法兰考虑，项目中包括了直管、管件、法兰全部安装工作内容（二次安装、一次拆除），但不包括衬里及场外运输。

3. 管道安装定额

管道安装根据不同的压力、不同的管材、不同的安装工艺和公称直径分列有多项子目，编制预算时应根据实际情况取定。表5-15为低压碳钢管（电弧焊、低压）消耗量定额，供参考。

表5-15 低压碳钢管（电弧焊、低压）消耗量定额 （单位：10m）

定额编号	6-30	6-31	6-32	6-33	6-34	6-35	6-36
项目名称	公称直径（mm 以内）						
	15	20	25	32	40	50	65
基价/元	20.01	22.02	26.92	31.35	34.05	39.72	54.39
其中 人工费/元	15.60	16.40	19.20	22.00	23.60	26.80	32.80
材料费/元	1.16	1.40	2.05	2.38	2.50	3.03	6.03
机械费/元	3.25	4.22	5.67	6.97	7.95	9.89	15.56

（三）管件连接

1. 管件连接工作内容

管件连接工作内容包括管子切口、套螺纹、上零件、坡口加工、坡口磨平、管口组对、焊接、焊缝钝化等。

2. 管件连接工程量计算规则

1）各种管件连接均按压力等级、材质、焊接形式，不分种类，以"10个"为计量单位。

2）管件连接已综合考虑了弯头、三通、异径管、管接头、管帽等管口含量的差异，应按设计图样用量执行相应项目。

3）现场加工的各种管道，在主管上挖眼接管三通、摔制异径管，均应按不同压力、材质、规格，以主管径执行管件连接相应项目，不另计制作费和主材费。

4）挖眼接管三通，支线管径小于主管径 1/2 时，不计算管件工程量；在主管上挖眼焊接管接头、凸台等配件，按配件管径计算管件工程量。

5）管件用法兰联接时，执行法兰安装相应项目，管件本身安装不再计算安装费。

6）全加热套管的外套管件安装是按两半管件考虑的，包括两道纵缝和两个环缝。两半封闭短管可执行两半弯头项目。

7）半加热外套管摔口后焊在内套管上，每个焊口按一个管件计算。外套碳钢管焊在不锈钢内套管上时，焊口间需加不锈钢短管衬垫，每处焊口按两个管件计算，衬垫短管按设计长度计算；设计无规定时，可按50mm 长度计算。

8）在管道上安装的仪表一次部件，执行管件连接相应项目乘以系数0.7；仪表的温度计扩大管制作安装，执行管件连接项目乘以系数1.5，工程量按大口径计算。

3. 管件连接定额

管件连接消耗量定额是根据管件所承受的压力、管件的材质、连接方式及公称直径等列出的。中压系统中电弧焊连接的碳钢管件的消耗量定额见表5-16，供参考。

表5-16 中压碳钢管件（电弧焊）消耗量定额 （单位：10个）

定额编号	6-1119	6-1120	6-1121	6-1122	6-1123
项目名称	公称直径（mm 以内）				
	15	20	25	32	40
基价/元	68.38	106.66	135.53	165.75	200.08
其中 人工费/元	28.00	35.20	47.60	55.60	74.00
材料费/元	4.70	9.73	11.92	15.86	18.12
机械费/元	35.68	61.73	76.01	94.29	107.96

（四）阀门安装

1. 阀门安装工作内容

阀门安装工作内容因安装方式而定。螺纹阀门包括阀门壳体压力试验、阀门解体检查及研磨、管子切口、套螺纹、上阀门；焊接阀门包括阀门壳体压力试验、阀门解体检查及研磨、管子切口、管口组对、焊接；电动阀门还包括阀门安装、垂直运输、阀门调试等内容。

2. 阀门安装工程量计算规则

1）各种阀门按不同压力、连接形式、不分种类以"个"为计量单位，按设计图样规定的压力等级执行相应项目。

2）调节阀门安装项目仅包括安装工序内容。

3）安全阀门包括壳体压力试验及调试内容。

4）热熔连接阀门项目适用于通过塑料短管与管道直接热熔连接的阀门。

5）中压螺纹阀门安装执行低压相应项目，人工乘以系数1.2。

6）电动阀门安装包括电动机安装，检查接线工程量应另行计算。

7）各种法兰阀门安装，项目中只包括一个垫片和一副法兰用的螺栓的安装费用。

8）定额内垫片材质与实际不符时，可按实际调整。

9）阀门壳体压力试验介质是按普通水考虑的，设计要求用其他介质时，可按实际计算。

10）直接安装在管道上的仪表流量计，执行"阀门安装"相应项目乘以系数0.7。

11）阀门安装不包括阀体磁粉探伤、密封做气密性试验、阀杆密封填料的更换等特殊要求的工作内容。

3. 阀门安装定额

阀门安装定额根据承受的压力、安装方式、阀门的类别及公称直径编制。部分中压法兰阀门安装消耗量定额见表5-17，供参考。

表 5-17　中压法兰阀门安装消耗量定额　　　　　　　　（单位：个）

定额编号	6-1501	6-1502	6-1503	6-1504	6-1505
项目名称	公称直径（mm 以内）				
	25	32	40	50	65
基价/元	17.50	19.15	19.91	23.10	32.70
其中　人工费/元	10.40	11.60	11.60	13.20	22.00
材料费/元	1.48	1.48	1.78	2.73	3.07
机械费/元	5.62	6.07	6.53	7.17	7.63

（五）法兰安装

1. 法兰安装工作内容

法兰安装工作内容包括螺纹联接法兰的管子切口、套螺纹、上法兰；电弧焊连接碳钢法兰的管子切口、磨平、管口组对、焊接、法兰联接；不锈钢法兰联接的管子切口、坡口加工、坡口磨平、管口组对、焊接、焊缝钝化、法兰联接；铝、铜法兰联接的焊前预热、焊后的焊缝酸洗等。

2. 法兰安装工程量计算规则

1）低、中、高压管道、管件、法兰、阀门上的法兰安装，应按不同压力、材质、规格和种类，分别以"副"为计量单位，并按图样规定的压力等级执行相应项目。

2）不锈钢、有色金属的焊环活动法兰安装，可执行翻边活动法兰安装相应项目，但应将项目中的翻边短管换为焊环，并另行计算其价值。

3）项目内垫片材质与实际不符时，可按实际调整。

4）法兰安装不包括安装后系统调试运转中的冷、热态紧固内容，发生时可另行计算。

5）中压螺纹法兰安装，按低压螺纹法兰项目乘以系数1.2。

6）中压平焊法兰安装，按低压平焊法兰项目乘以系数1.2。

7）高压碳钢螺纹法兰安装，包括了螺栓涂二硫化钼工作内容。

8）用法兰联接的管道安装，管道与法兰分别计算工程量，执行相应项目。

9）在管道上安装的节流装置，包括了短管拆装工作内容，执行法兰安装相应项目乘以系数0.8。

10）配法兰的盲板只计算主材费，安装费已计算在单片法兰安装中。

11）焊接盲板执行管件连接相应项目乘以系数0.6。

12）全加热套管法兰安装，按内套管法兰径执行相应项目乘以系数2.0。

13）法兰安装以"个"为单位计算时，执行法兰安装定额乘以系数0.61，螺栓数量不变。

14）各种法兰安装，项目中只包括一个垫片和一副法兰用的螺栓的安装费用。

3. 法兰安装定额

法兰安装消耗量定额与上述内容相似，不另叙述。

（六）制冷排管的制作安装

制冷排管的制作安装的工作内容包括管材清理、外观检查、调直、揻弯、切管、挖眼，组对、焊接，绕翅片，水压试验，安装等。

管架制作、安装另行计算。

制冷排管的制作安装以"100m"为计量单位。

制冷排管分翅片管、光滑管，还分为墙排管、顶排管、搁架排管，并根据排管的根数、长度列入定额子目。光滑蛇形墙排管的消耗量定额见表5-18。

（七）管道压力试验、吹扫与清洗

制冷系统管道安装完毕，应根据设计要求进行吹污、压力试验、泄漏性试验及真空试验等。

1. 工作内容

管道进行空气吹扫的工作内容包括准备工作、制堵盲板、装设临时管线、充气加压、敲打管道检查、系统管线复位、临时管线拆除、现场清理等。

管道进行气压试验的工作内容包括准备工作、制堵盲板，装设临时泵、管线，充气加压，停压检查，强度试验、严密性试验，拆除临时管线、盲板，现场清理等。

管道进行泄漏性试验的工作内容包括准备工作，配临时管道，设备管道封闭，系统充压，涂刷检查液，检查泄漏，稳压，放压，紧固螺栓，更换垫片或盘根，阀门处理，拆除临时管道、现场清理等。

表 5-18　制冷排管制作安装消耗量定额　　　　　（单位：100m）

定额编号				6-3008	6-3009	6-3010	6-3011
项目名称				光滑蛇形墙排管（20 根以内）			
				7m	10m	16m	22m
基价/元				440.20	343.36	273.54	240.23
其中		人工费/元		337.20	271.20	222.80	198.40
		材料费/元		52.80	37.46	29.18	25.32
		机械费/元		50.20	34.70	21.56	16.51
	名称	单位	单价/元	数量			
人工	综合用工二类	工日	40.00	8.430	6.780	5.570	4.960
材料	无缝钢管 $\phi38mm \times 2.2mm$	m	—	(102.00)	(102.00)	(102.00)	(102.00)
	无缝钢管 $\phi57mm \times 3.5mm$	m	—	(1.050)	(0.740)	(0.460)	(0.340)
	碳钢气焊条 $<\phi2mm$	kg	5.2	0.830	0.590	0.530	0.500
	氧气	m^3	5.00	2.540	1.790	1.570	1.450
	乙炔气	kg	12.80	0.980	0.690	0.600	0.560
	焦炭	kg	0.30	26.670	18.760	11.770	8.580
	木柴	kg	0.90	15.220	11.000	7.220	5.520
	其他材料费	元	1.00	1.540	1.080	0.860	0.760
机械	立式钻床 $\phi25mm$	台班	68.04	0.070	0.040	0.020	0.020
	鼓风机 $8 \sim 18m^3/min$	台班	168.30	0.270	0.190	0.120	0.090

管道真空试验工作内容包括系统抽真空，试验、检查等。

2. 管道压力试验、吹扫与清洗工程量计算规则

1）管道压力试验、吹扫与清洗按不同压力、规格，不分材质以"100m"为计量单位。

2）定额中已包括了管道试压、吹扫、清洗所用的摊销材料，不包括管道之间的串通临时管以及管道排放口至排放点的临时管，其工程量应按施工方案另行计算。

3）泄漏性试验适用于输送有毒及可燃介质的管道，按压力、规格，不分材质以"100m"为计量单位。

4）调节阀等临时短管制作装拆项目，使用管道系统试压、吹扫时需要拆除的阀件以临时短管代替连通管道，工作内容包括完工后短管拆除和原阀件复位等。

5）液压、气压试验已包括强度试验和严密性试验工作内容。

6）当管道与设备作为一个系统进行实验时，如果管道的实验压力等于或小于设备的实验压力，则按管道的实验压力进行实验；如果管道的实验压力超过设备的实验压力，且设备的实验压力不低于管道设计压力的115%，可按设备的实验压力进行实验。

3. 管道压力试验、吹扫与清洗定额

管道压力试验分为液压试验、气压试验、泄漏性试验和真空试验，吹扫分为水冲洗、空气吹扫、蒸汽吹扫等，施工中应根据设计要求进行压力试验和吹扫。表 5-19、表 5-20 分别列出了低中压管道泄漏性试验、真空试验的消耗量定额，供参考。

（八）措施项目

第六册措施项目同第一册，参见表 5-13、表 5-14；仅可竞争措施项目多"脚手架搭拆费"一项，基价为 2.66%，其中人工费 0.67%，材料费 1.99%。

表5-19　低中压管道泄漏性试验消耗量定额　　（单位：100m）

定额编号	6-2591	6-2592	6-2593	6-2594	6-2595
项目名称	公称直径（mm 以内）				
	50	100	200	300	400
基价/元	151.56	188.51	254.66	315.76	399.35
其中 人工费/元	108.00	128.80	160.40	192.80	256.00
材料费/元	6.66	19.65	51.03	76.57	93.80
机械费/元	36.90	40.06	43.23	46.39	49.55

表5-20　低中压管道真空试验消耗量定额　　（单位：100m）

定额编号	6-2597	6-2598	6-2599	6-2600	6-2601
项目名称	公称直径（mm 以内）				
	50	100	200	300	400
基价/元	215.59	261.19	337.34	408.45	508.06
其中 人工费/元	127.60	152.40	189.60	227.60	302.00
材料费/元	6.43	19.10	49.93	74.92	92.00
机械费/元	81.56	89.69	97.81	105.93	114.06

（九）主要材料损耗率

第六册主要材料损耗率见表5-21。

表5-21　主要材料损耗率（%）

序号	名称	损耗率	序号	名称	损耗率
1	低、中压碳钢管	4.0	13	承插铸铁管	2.0
2	高压碳钢管	3.6	14	法兰铸铁管	1.0
3	碳钢板卷管	4.0	15	塑料管	3.0
4	低、中压不锈钢管	3.6	16	玻璃管	4.0
5	高压不锈钢管	3.6	17	玻璃钢管	2.0
6	不锈钢板卷管	4.0	18	冷冻排管	2.0
7	高、中、低压合金钢管	3.6	19	预应力混凝土管	1.0
8	无缝铝管	4.0	20	螺纹管件	1.0
9	铝板卷管	4.0	21	螺纹阀门 DN20 以下	2.0
10	无缝铜管	4.0	22	螺纹阀门 DN20 以上	1.0
11	铜板卷管	4.0	23	螺栓	3.0
12	衬里钢管	4.0			

三、设备管道的刷油、防腐蚀、绝热工程预算定额

制冷设备、管道的刷油、防腐蚀、绝热工程应执行《河北省消耗量定额》第十一册《刷油、防腐蚀、绝热工程》。

《刷油、防腐蚀、绝热工程》适用于新建、扩建项目中的设备、管道、金属结构等的刷

油、防腐蚀、绝热工程。制冷、空调安装工程中需要除锈、刷油、防腐蚀、绝热的工程都可套用。

（一）工作内容及执行要求

1. 除锈工程

1）除锈工程定额适用于金属表面的手工、动力工具、干喷射除锈迹，化学除锈工程。

2）各种管件、阀件及设备上的人孔、管口凸凹部分的除锈已综合考虑在定额内。

3）手工、动力工具除锈分轻、中、重三种，区分标准为

轻锈：部分氧化皮开始破裂脱落，红锈开始发生。

中锈：部分氧化皮破裂脱落，呈堆粉状，除锈后用肉眼能见到腐蚀小凹点。

重锈：大部分氧化皮脱落，呈片状锈层或凸起的锈斑，除锈后出现麻点或麻坑。

4）喷射除锈标准为

Sa3级：除净金属表面上油脂、氧化皮、锈蚀产物等一切杂物，呈现均一的金属本色，并有一定的表面粗糙度。

Sa2.5级：完全除去金属表面的油脂、氧化皮、锈蚀产物等一切杂物，可见的阴影条纹、斑痕等残留物不得超过单位面积的5%。

Sa2级：除去金属表面上油脂、锈皮、松疏氧化皮、浮锈等杂物，允许有附紧的氧化皮。

5）喷射除锈按Sa2.5级标准确定。若变更级别标准，则乘以相应的系数。

2. 刷油工程

1）刷油工程定额适用于金属面、设备、管道、通风管道、金属结构与玻璃布面、石棉布面、玛蹄脂面、抹灰面等刷、喷油漆工程。

2）金属面刷油不包括除锈工作内容。

3）各种管件、阀件及设备上的人孔、管口凸凹部分的刷油已综合考虑在定额内。

3. 防腐蚀涂料工程

1）防腐蚀涂料工程定额适用于设备、管道、金属结构等各种防腐涂料工程。

2）不包括除锈工作内容。

3）如果采用新品种涂料，应按相近定额项目执行，其人工、机械消耗量不变。

4. 绝热工程

1）绝热工程定额适用于设备、管道、通风管道的绝热工程。

2）仪表管道绝热工程应执行本定额相应项目。

3）管道绝热工程，除法兰、阀门外，其他管件均已考虑在内；设备绝热工程，除法兰、人孔外，其封头已考虑在内。

4）硬质瓦块安装适用于珍珠岩、蛭石、微孔硅酸钙等。

5）聚氨酯泡沫塑料发泡工程是按现场直喷无模具考虑的，若采用模具浇注法施工，其模具制作安装应依据施工方案另行计算。

（二）工程量计算规则

1. 除锈工程

1）喷射除锈按Sa2.5级标准确定。若变更级别标准，Sa3级按人工、材料、机械乘以系数1.1，Sa1或Sa2级乘以系数0.9计算。

2）本定额不包括除微锈（标准：氧化皮完全紧附，仅有少量锈点），发生时按轻锈定额乘以系数 0.2。

3）因施工需要发生的第二次除锈，其工程量另行计算。

2. 刷油工程

1）定额按安装地点就地刷（喷）油漆考虑，如果安装前管道集中刷油，人工乘以系数 0.7（暖气片除外）。

2）标志色环等零星刷油按本定额相应项目执行，其人工乘以系数 2.0。

3）单独进行管件、阀门的刷油、防腐工作，管件、阀门的刷油、防腐按相应管道项目乘以系数 1.3。

3. 防腐蚀涂料工程

1）涂料配比与实际设计配合比不同时，应根据设计要求进行换算，但人工、机械不变。

2）过氯乙烯涂料是按喷涂施工方法考虑的，其他涂料均按刷涂考虑。若发生喷涂施工时，其人工乘以系数 0.3，材料乘以系数 1.16，增加喷涂机械内容。

3）采用新品种涂料按相近项目执行，其人工、机械消耗量不变。

4. 绝热工程

1）依据规范要求，保温厚度大于 100mm、保冷厚度大于 80mm 时应分层安装，工程量应分层计算，采用相应厚度定额。

2）保护层镀锌铁皮厚度是按 0.8mm 以下综合考虑的，采用厚度大于 0.8mm 时，其人工乘以系数 1.2；卧式设备保护层安装，其人工乘以系数 1.05。此项也适用于铝皮保护层，主材可以换算。

3）设备和管道绝热均按现场安装后绝热施工考虑，如果先绝热后安装，其人工乘以系数 0.9。

4）采用不锈钢板保护层安装时，执行"金属保护层"相应项目，其人工乘以系数 1.25，钻头用量乘以系数 2.0，机械台班乘以系数 1.15。

5）复合成品材料安装应执行相同材质瓦块（或壳管）安装项目，复合材料分别安装时应按分层计算。

（三）计量单位

1）刷油工程和防腐蚀工程中设备、管道以"m²"为计量单位。一般金属结构和管廊钢结构以"kg"为计量单位；H 型钢制结构（包括大于 400mm 以上的型钢）以"10m²"为计量单位。

2）绝热工程中绝热以"m³"为计量单位，防潮层、保护层以"m²"为计量单位。

3）计算设备、管道内壁防腐蚀工程量时，当壁厚大于等于 10mm 时，按其内径计算；当壁厚小于 10mm 时，按其外径计算。

（四）工程量计算公式

1. 除锈、刷油、防腐蚀工程

1）设备筒体、管道表面积计算公式为

$$S = \pi DL \tag{5-1}$$

式中，π 为圆周率；D 为设备或管道直径；L 为设备筒体高或管道延长米。

2）计算设备筒体、管道表面积时已包括各种管件、阀门、人孔、管口凹凸部分，不再另外计算。

2. 绝热工程

（1）设备筒体、管道绝热体积计算公式为

$$V = \pi(D + 1.033\delta) \times 1.033\delta L \tag{5-2}$$

式中，D 为直径；L 为设备筒体或管道长；δ 为绝热层厚度；1.033 为调整系数。

（2）设备筒体、管道防潮层和保护层面积计算公式

$$S = \pi(D + 2.1\delta + 0.0082)L \tag{5-3}$$

式中，0.0082 为捆扎线直径或刚带厚度，2.1 为调整系数，其他同式（5-2）。

（3）设备封头绝热体积计算公式为

$$V = \pi\left[(D + 1.033\delta)/2\right]^2 \times 1.033\delta \times 1.5N \tag{5-4}$$

式中，N 为封头个数。

（4）设备封头防潮和保护层面积计算式为

$$S = \pi\left[(D + 2.1\delta)/2\right]^2 \times 1.5N \tag{5-5}$$

其他如法兰、阀门等绝热、防潮层工程量计算公式见相关手册。

第三节　工程量清单编制

一、工程量清单项目设置

1. 制冷机器安装

制冷压缩机安装执行"计价规范"附表 C. 1. 10 压缩机部分，根据压缩机的型式设置工程量清单项目。溴化锂吸收式制冷机（冷水机组、热泵机组可参照）安装执行"计价规范"附表 C1. 13 其他机械部分。制冷机器安装工程量清单项目设置参见表 5-22。

表 5-22　制冷机器安装工程量清单项目设置

项目编码	项目名称	项目特征	计量单位	工程内容
030110001	活塞式压缩机	1. 名称		1. 本体安装
030110002	回转式螺杆压缩机	2. 型号		2. 拆装检查
030110003	离心式压缩机（电动机驱动）	3. 质量 4. 结构形式	台	3. 二次灌浆
030113001	溴化锂吸收式制冷机	1. 名称 2. 型号 3. 质量		1. 本体安装 2. 保温、防护层、刷漆

2. 设备安装

设备安装主要执行"计价规范"附表 C. 1. 8 风机、C. 1. 9 泵和 C. 1. 13 其他机械部分，根据不同的设备名称、形式，参照表 5-23 设置工程量清单项目。

表 5-23　设备安装工程量清单项目设置

项目编码	项目名称	项目特征	计量单位	工程内容
030108001	离心式通风机	1. 名称		1. 本体安装
030108003	轴流通风机	2. 型号		2. 拆装检查
		3. 质量		3. 二次灌浆
030109001	离心式泵	1. 名称		1. 本体安装
030109009	真空泵	2. 型号		2. 泵拆装检查
030109010	屏蔽泵	3. 质量		3. 电动机安装
030109011	简易移动潜水泵	4. 输送介质		4. 二次灌浆
		5. 压力		
		6. 材质		
030113003	冷风机	1. 冷却面积		1. 本体安装
		2. 直径		2. 保温、防护层、刷漆
		3. 质量		
030113010	冷凝器	1. 名称		1. 本体安装
030113011	蒸发器	2. 型号		2. 保温、刷漆
		3. 结构		
		4. 冷却面积	台	
030113012	贮液器（排液桶）	1. 名称		
		2. 型号		
		3. 质量		
		4. 容积		
030113013	分离器	1. 类型		
030113014	过滤器	2. 介质		
		3. 直径		
030113015	中间冷却器	1. 名称		
030113016	玻璃钢冷却塔	2. 型号		
		3. 质量		
		4. 冷却面积		
030113017	集油器	1. 名称		本体安装
030113018	紧急泄氨器	2. 型号		
		3. 直径		

3. 管道安装

工业管道工程分低压管道、中压管道、高压管道、低压管件、中压管件、高压管件、低压阀门、中压阀门、高压阀门、低压法兰、中压法兰、高压法兰、管件制作、管架件制作、管材表面及焊缝无损探伤、其他项目制作安装等 17 部分，相应执行"计价规范"附表 C.6.1～C.6.17，根据不同的压力、材质、名称设置工程量清单项目。部分管道、管件、阀件制作、安装的工程量清单项目设置见表 5-24。

表 5-24 部分管道、管件、阀件制作、安装的工程量清单项目设置

项目编码	项目名称	项目特征	计量单位	工程内容
030601004	低压碳钢管	1. 材质 2. 连接方式 3. 规格 4. 套管形式、材质、规格 5. 压力试验、吹扫、清洗设计要求	m	1. 安装 2. 套管制作、安装 3. 压力试验 4. 系统吹扫 5. 系统清洗 6. 油清洗 7. 脱脂 8. 除锈、刷油、防腐 9. 绝热及保护层安装、除锈、刷油
030602006	中压铜管	1. 材质 2. 连接方式 3. 规格 4. 套管形式、材质、规格 5. 压力试验、吹扫、清洗设计要求 6. 绝热及保护层设计要求		1. 安装 2. 焊口预热及后热 3. 套管制作、安装 4. 压力试验 5. 系统吹扫 6. 系统清洗 7. 脱脂 8. 绝热及保护层安装、除锈、刷油
030605001	中压碳钢管件	1. 材质 2. 连接方式 3. 型号、规格 4. 补强圈材质、规格		1. 安装 2. 三通补强圈制作、安装 3. 焊口预热及后热 4. 焊口热处理 5. 焊口硬度检测
030605005	中压铜管件	1. 材质 2. 型号、规格		1. 安装 2. 焊口预热及后热
030608001	中压螺纹阀门	1. 名称 2. 材质	个	1. 安装 2. 操纵装置安装 3. 绝热
030608002	中压法兰阀门	3. 连接形式 4. 焊接方式 5. 型号、规格 6. 绝热及保护层设计要求		4. 保温盒制作、安装、除锈、刷油 5. 压力试验、解体检查及研磨 6. 调试
030614009	管道机械煨弯	1. 压力 2. 材质 3. 型号、规格		煨弯
030615001	管架制作安装	1. 材质 2. 管架形式 3. 除锈、刷油、防腐设计要求	kg	1. 制作、安装 2. 除锈机刷油 3. 弹簧管架全压缩变形试验 4. 弹簧管架工作荷载试验
030616003	焊缝 X 光射线探伤	1. 底片规格 2. 管壁厚度	张	X 光射线探伤
030617002	冷排管制作安装	1. 排管形式 2. 组合长度 3. 除锈、刷油、防腐设计要求	m	1. 制作、安装 2. 钢带退火 3. 加氨 4. 冲套翅片 5. 除锈、刷油

二、清单项目工程量计算规则

1. 制冷机器安装

1）压缩机安装按设计图示数量计算。

2）设备质量包括同一底座上主机、电动机、仪表盘及附件、底座等的总质量，但立式及 L 型压缩机、螺杆式压缩机、离心式压缩机不包括电动机等动力机械的质量。

3）溴化锂吸收式制冷机安装按设计图示数量计算。

2. 设备安装

1）设备安装按设计图示数量计算。

2）直联式风机的质量包括本体、电动机、底座的总质量。

3）直联式泵的质量包括本体、电动机、底座的总质量；非直联式泵的质量不包括电动机质量；深井泵的质量包括本体、电动机、底座及扬水管的总质量。

3. 管道安装

1）管道安装按设计图示管道中心线长度以延长米计算，不扣除阀门、管件所占长度，遇弯管时，按两管交叉的中心线交点计算。方形补偿器以其所占长度按管道安装工程量计算。以 m 为计量单位。

2）管件安装按设计图示数量计算，以个为计量单位。

管件包括弯头、三通、四通、异径管、管接头、管道上仪表一次部件等。

管件压力试验、吹扫、清洗、脱脂、除锈、刷油、防腐、保温及其补口均包括在管道安装中。

在主管上挖眼接管三通和摔制异径管，均以主管径按管件安装工程量计算，不另计制作费和主材费。

三通、四通、异径管均按大管径计算。

管件用法兰联接时按法兰安装，管件本身安装不再计算。

3）阀门安装按设计图示数量计算，以个为计量单位。

各种形式补偿器（方形除外）、仪表流量计均按阀门安装工程量计算。

减压阀直径按高压侧计算。

电动阀门包括电动机安装。

4）管架制作按设计图示质量计算（单件支架质量 100kg 以内的管支架），以 kg 为计量单位。

5）管材表面及焊缝无损探伤按规范或设计技术要求计算，以"张"、"m""口"为计量单位。

6）冷排管按设计图示数量计算，以"m"为计量单位。

7）工业管道压力等级划分：低压，$0MPa < p \leqslant 1.6MPa$，中压，$1.6MPa < p \leqslant 10MPa$；高压，$10MPa < p \leqslant 42MPa$。

第四节 制冷安装工程造价计价实例

例：分别以定额计价、工程量清单计价方法为河北省唐山市某奶制品厂制冷装置的机房安装工程做造价书。

制冷系统原理图如图 5-4 所示，机器间平面布置图如图 5-5 所示，机器间剖面图如图 5-6 所示。

解：

一、定额计价

1. 阅读施工图

读懂施工图的内容，审核图样中的相关尺寸是否准确，设备、仪表的规格、数量是否与图样相符等，为工程量计算做准备。

2. 划分工程项目、计算工程量

根据本工程的内容，将其划分为机器设备安装工程、工艺管道安装工程及除锈、刷油、绝热工程。

利用平面图、剖面图确定管道的长度，利用原理图确定机器、设备、阀件、管道的名称、型号、规格、数量等，做出工程量计算表，见表 5-25。

表 5-25　工程量计算表

序号	项目名称	规格、型号	单位	数量	备注
1	设备安装				
2	制冷压缩机组	4AV10	台	2	
3	卧式冷凝器	DWN—50	台	1	
4	贮氨器	ZA—1.0	台	1	
5	氨液分离器	AF—80	台	2	保温
6	集油器	JY—150	台	1	
7	阀件安装				
8	氨直通式截止阀	DN65	个	3	2 个保温
9	氨直通式截止阀	DN50	个	10	10 个保温
10	氨直通式截止阀	DN40	个	1	
11	氨直通式截止阀	DN32	个	5	3 个保温
12	氨直通式截止阀	DN25	个	6	2 个保温
13	氨直通式截止阀	DN20	个	3	2 个保温
14	氨直通式截止阀	DN15	个	9	3 个保温
15	氨直通式截止阀	DN10	个	2	
16	氨节流阀	DN25	个	2	2 个保温
17	氨液过滤器	DN25	个	1	

（续）

序号	项目名称	规格、型号	单位	数量	备注
18	板式液面计		个	2	
19	氨压力表		个	6	
20	氨压力表阀		个	6	
21	管道安装				
22	无缝钢管	$D89$	m	3	3m 保温
23	无缝钢管	$D76$	m	10	5m 保温
24	无缝钢管	$D57$	m	40	35m 保温
25	无缝钢管	$D45$	m	2	
26	无缝钢管	$D38$	m	20	10m 保温
27	无缝钢管	$D32$	m	18	10m 保温
28	无缝钢管	$D25$	m	7	
29	无缝钢管	$D18$	m	25	
30	弯头	$D89$	个	2	
31	弯头	$D76$	个	3	
32	弯头	$D57$	个	24	
33	弯头	$D38$	个	14	
34	弯头	$D32$	个	18	
35	设备、管道支吊架				
36	角钢	L50×5	kg	94.25	
37	槽钢	匚20	kg	463.986	
38	设备、管道保温				
39	氨液分离器保温	聚氨酯保温	m³	3.03	
40	管道保温	$D133$ 以下，厚75mm	m³	0.308	
41	管道保温	$D57$ 以下，厚70mm	m³	1.632	
42	其他				
43	加氨液		t	1.5	
44	加冷冻油		kg	24	
45	管道试压、试漏等	按管道设计要求进行			
46	除锈、刷油、防腐等				

3. 套定额做工程预算表

由划分的工程项目可知，机器设备安装执行《河北省消耗量定额》第一册，工艺管道安装执行《河北省消耗量定额》第六册，除锈、刷油、绝热执行《河北省消耗量定额》第十一册。把各分项工程对应的定额编号、项目名称、单位、数量、单价（基价）、未计价主材费等填入预算表，计算出直接工程费及其中人工费、材料费和机械费等，并做出工程预算表，见表5-26。主要设备、材料价格表见表5-27。

表5-26 安装工程预算表

工程名称：唐山奶制品厂制冷机房安装工程   第1页 共4页

序号	定额编号	项目名称	单位	数量	单价/元	合价/元	其中		
							人工费/元	材料费/元	机械费/元
1	1-1065	活塞式 V 形制冷压缩机组安装	台	2.000	1374.70	2749.40	1916.80	677.88	154.72
		主材：活塞式 V 形制冷压缩机组 4AV10	台	2.000	44040.00	88080.00		88080.00	
2	1-1326	卧式冷凝器安装	台	1.000	1135.93	1135.93	634.80	370.11	131.02
		主材：卧式冷凝器 DWN—50	台	1.000	37150.00	37150.00		37150.00	
3	1-1357	贮氨器安装	台	1.000	683.94	683.94	298.00	308.58	77.36
		主材：贮氨器 ZA—1.0	台	1.000	11900.00	11900.00		11900.00	
4	1-1368	氨液分离器安装	台	2.000	409.60	819.20	384.00	411.50	23.70
		主材：氨液分离器 AF—80	台	2.000	4560.00	9120.00		9120.00	
5	1-1397	集油器安装	台	1.000	183.03	183.03	57.60	113.58	11.85
		主材：集油器 JY—150	台	1.000	1780.00	1780.00		1780.00	
6	6-1384	氨直通式截止阀，DN65	个	3.000	29.55	88.65	56.40	11.28	20.97
		主材：氨直通式截止阀 DN65	个	3.000	1200.00	3600.00		3600.00	
7	6-1810	低压法兰	副	3.000	43.23	129.69	34.80	25.53	69.36
		主材：低压碳钢对焊法兰 DN65	片	6.000	12.00	72.00		72.00	
8	6-1377	氨直通式截止阀，DN50	个	10.000	32.16	321.60	108.00	43.80	169.80
		主材：氨直通式截止阀 DN50	个	10.000	912.00	9120.00		9120.00	
9	6-1376	氨直通式截止阀，DN40	个	1.000	27.25	27.25	8.80	3.33	15.12
		主材：氨直通式截止阀 DN40	个	1.000	764.00	764.00		764.00	
10	6-1375	氨直通式截止阀，DN32	个	5.000	23.72	118.60	40.00	15.25	63.35
		主材：氨直通式截止阀 DN32	个	5.000	543.00	2715.00		2715.00	
11	6-1374	氨直通式截止阀，DN25	个	6.000	20.00	120.00	36.00	16.98	67.02
		主材：氨直通式截止阀 DN25	个	6.000	409.00	2454.00		2454.00	
12	6-1373	氨直通式截止阀，DN20	个	3.000	18.03	54.09	16.80	8.10	29.19
		主材：氨直通式截止阀 DN20	个	3.000	353.00	1059.00		1059.00	
13	6-1372	氨直通式截止阀，DN15	个	9.000	17.09	153.81	46.80	23.76	83.25
		主材：氨直通式截止阀 DN15	个	9.000	304.00	2736.00		2736.00	
14	6-1372	氨直通式截止阀，DN10	个	2.000	17.09	34.18	10.40	5.28	18.50
		主材：氨直通式截止阀 DN10	个	2.000	290.00	580.00		580.00	

（续）

工程名称：唐山奶制品厂制冷机房安装工程　　　　　　　　　　第 2 页 共 4 页

序号	定额编号	项目名称	单位	数量	单价/元	合价/元	其中		
							人工费/元	材料费/元	机械费/元
15	6-1374	氨直通式节流阀，DN25	个	2.000	20.00	40.00	12.00	5.66	22.34
		主材：氨直通式节流阀 DN25	个	2.000	1039.00	2078.00		2078.00	
16	6-1374	氨直通式过滤器 FIA25	个	1.000	20.00	20.00	6.00	2.83	11.17
		主材：氨直通过滤器 FIA20	个	1.000	1617.00	1617.00		1617.00	
17	10-76	板式液面计安装	台	2.000	61.39	122.78	81.60	41.18	
		主材：板式液面计	台	2.000	2000.00	4000.00		4000.00	
18	6-1373	贮油器（液面计用）	个	2.000	18.03	36.06	11.20	5.40	19.46
		主材：贮油器（液面计用）	个	2.000	350.00	700.00		700.00	
19	10-25	压力仪表	块	6.000	23.59	141.54	112.80	23.28	5.46
		主材：氨压力表	个	6.000	95.00	570.00		570.00	
20	6-1372	氨压力表阀	个	6.000	17.09	102.54	31.20	15.84	55.50
		主材：氨压力表阀 DN6	个	6.000	230.00	1380.00		1380.00	
21	6-55	低压管道 碳钢管（氩电联焊）公称直径（mm 以内）80	10m	0.300	77.37	23.22	13.68	2.69	6.85
		主材：无缝钢管 D89×3.5	m	2.871	54.74	157.16		157.16	
22	6-54	低压管道 碳钢管（氩电联焊）公称直径（mm 以内）65	10m	1.000	66.17	66.17	38.80	7.85	19.52
		主材：无缝钢管 D76×3.5	m	9.570	43.00	411.51		411.51	
23	6-53	低压管道 碳钢管（氩电联焊）公称直径（mm 以内）50	10m	4.000	52.55	210.20	120.00	20.04	70.16
		主材：无缝钢管 D57×3	m	38.280	30.59	1170.99		1170.99	
24	6-52	低压管道 碳钢管（氩电联焊）公称直径（mm 以内）40	10m	0.200	43.03	8.61	5.52	0.84	2.25
		主材：无缝钢管 D45×2.5	m	1.944	20.64	40.12		40.12	
25	6-51	低压管道 碳钢管（氩电联焊）公称直径（mm 以内）32	10m	2.000	38.55	77.10	49.60	7.68	19.82
		主材：无缝钢管 D38×2.5	m	19.440	15.80	307.15		307.15	
26	6-50	低压管道 碳钢管（氩电联焊）公称直径（mm 以内）25	10m	1.800	33.57	60.43	40.32	5.85	14.26
		主材：无缝钢管 D32×2.5	m	17.496	14.50	253.69		253.69	
27	6-49	低压管道 碳钢管（氩电联焊）公称直径（mm 以内）20	10m	0.700	26.51	18.55	12.88	1.48	4.19
		主材：无缝钢管 D25×2.5	m	6.804	13.67	93.01		93.01	
28	6-48	低压管道 碳钢管（氩电联焊）公称直径（mm 以内）15	10m	2.500	24.02	60.05	44.00	4.40	11.65
		主材：无缝钢管 D18×2.5	m	24.300	11.05	268.52		268.52	

工程名称：唐山奶制品厂制冷机房安装工程

（续）
第3页 共4页

序号	定额编号	项目名称	单位	数量	单价/元	合价/元	其中		
							人工费/元	材料费/元	机械费/元
29	6-2611	管道系统吹扫空气吹扫公称直径（mm以内）100	100m	0.130	113.80	14.79	7.75	2.48	4.56
30	6-2573	管道压力试验低中压管道气压试验公称直径（mm以内）100	100m	0.130	162.11	21.07	13.31	2.55	5.21
31	6-2598	管道压力试验低中压管道真空试验公称直径（mm以内）100	100m	0.130	261.19	33.95	19.81	2.48	11.66
32	6-2592	管道压力试验低中压管道泄漏性试验公称直径（mm以内）100	100m	0.130	188.51	24.50	16.74	2.55	5.21
33	6-2610	管道系统吹扫空气吹扫公称直径（mm以内）50	100m	1.120	88.37	98.97	56.00	7.20	35.77
34	6-2572	管道压力试验低中压管道气压试验公称直径（mm以内）50	100m	1.120	129.55	145.10	96.32	7.45	41.33
35	6-2597	管道压力试验低中压管道真空试验公称直径（mm以内）50	100m	1.120	215.59	241.46	142.91	7.20	91.35
36	6-2591	管道压力试验低中压管道泄漏性试验公称直径（mm以内）50	100m	1.120	151.56	169.75	120.96	7.46	41.33
37	11-1832	聚氨酯泡塑保温安装	m³	3.030	189.94	575.52	356.33	189.89	29.30
		主材：聚氨酯泡塑保温	m³	3.182	1550.00	4931.33		4931.33	
38	11-2335	防潮层、保护层安装金属薄板钉口安装一般设备	10m²	0.649	136.57	88.63	54.00	8.33	26.30
		主材：铝合金板 $\delta=0.8$	m²	7.788	120.00	934.56		934.56	
39	11-1798	阀门聚氨酯泡塑保温（厚度）70mm	m³	0.013	126.82	1.66	0.93	0.60	0.13
		主材：聚氨酯泡塑保温	m³	0.014	1550.00	21.70		21.70	
40	11-1789	阀门聚氨酯泡塑保温（厚度）75mm	m³	0.054	223.32	12.06	8.66	2.88	0.52
		主材：聚氨酯泡塑保温	m³	0.060	1550.00	92.85		92.85	
41	11-2373	金属保温盒、托盘、钩钉制作安装镀锌铁皮盒制作安装阀门	10m²	0.145	360.59	52.29	50.58		1.71
		主材：铝合金板 $\delta=0.6$	10m²	1.972	85.00	167.62		167.62	
42	11-1	手工除锈管道轻锈	10m²	1.685	14.38	24.23	20.89	3.34	
43	11-51	管道刷油，红丹防锈漆第一遍	10m²	1.685	12.90	21.74	16.85	4.89	
		主材：醇酸防锈漆C53-1	kg	2.477	18.00	44.59		44.59	
44	11-52	管道刷油，红丹防锈漆第二遍	10m²	1.685	12.59	21.21	16.85	4.36	
		主材：醇酸防锈漆C53-1	kg	2.191	18.00	39.43		39.43	
45	11-60	管道刷油，调和漆第一遍	10m²	0.635	11.26	7.15	6.60	0.55	
		主材：酚醛调和漆（各种颜色）	kg	0.667	20.00	13.34		13.34	
46	11-61	管道刷油，调和漆第二遍	10m²	0.635	10.86	6.90	6.35	0.55	
		主材：酚醛调和漆（各种颜色）	kg	0.591	20.00	11.81		11.81	
47	11-1798	聚氨酯泡塑保温安装　管道φ133以下（厚度）75mm	m³	0.308	126.82	39.06	21.93	14.15	2.98

工程名称：唐山奶制品厂制冷机房安装工程

序号	定额编号	项目名称	单位	数量	单价/元	合价/元	其中		
							人工费/元	材料费/元	机械费/元
		主材：聚氨酯泡塑保温	m³	0.333	1550.00	515.53		515.53	
48	11-1789	聚氨酯泡塑保温安装，管道 φ57 以下（厚度70mm）	m³	1.632	223.32	364.45	261.77	86.90	15.78
		主材：聚氨酯泡塑保温安装 管道 φ57 以下（厚度）70mm	m³	1.812	1550.00	2807.83		2807.83	
49	11-2334	防潮层、保护层安装，金属薄板钉口安装（管道）	10m²	4.262	143.48	611.51	363.12	55.28	193.11
		主材：铝合金板 δ=0.6	m²	51.144	85.00	4347.24		4347.24	
50	6-725	低压碳钢管件（氩电联焊）连接，DN80mm 以内	10 个	0.200	430.06	86.01	17.20	14.70	54.11
		主材：弯头 DN80	个	2.000	96.50	193.00		193.00	
51	6-724	低压碳钢管件（氩电联焊）连接，DN65mm 以内	10 个	0.300	369.44	110.83	22.80	18.84	69.19
		主材：弯头 DN65	个	3.000	75.40	226.20		226.20	
52	6-723	低压碳钢管件（氩电联焊）连接，DN50mm 以内	10 个	2.400	248.44	596.26	168.96	93.00	334.30
		主材：弯头 DN50	个	24.000	33.00	792.00		792.00	
53	6-721	低压碳钢管件（氩电联焊）连接，DN32mm 以内	10 个	1.400	192.86	270.01	66.64	40.77	162.60
		主材：弯头 DN32	个	14.000	15.20	212.80		212.80	
54	6-720	低压碳钢管件（氩电联焊）连接，DN25mm 以内	10 个	1.800	156.46	281.63	72.00	41.26	168.37
		主材：弯头 DN25	个	18.000	12.50	225.00		225.00	
55	6-3019	加氨	t	1.500	234.07	351.11	310.80	1.71	38.60
		主材：液氨	t	1.500	5100.00	7650.00		7650.00	
56	6-3019	设备加机油	t	0.024	234.07	5.62	4.97	0.03	0.62
		主材：冷冻机油	t	0.024	21000.00	504.00		504.00	
57	6-2976	木垫式管架制作安装	100kg	5.582	621.90	3471.44	1428.99	1051.70	990.75
		主材：型钢	kg	569.364	5.30	3017.63		3017.63	
58	11-7	手工除一般钢结构轻锈	100kg	5.582	23.78	132.75	69.22	8.21	55.32
59	11-113	一般钢结构，红丹防锈漆第一遍	100kg	5.582	20.67	115.38	46.89	13.17	55.32
		主材：醇酸防锈漆 C53-1	kg	6.475	18.00	116.55		116.55	
60	11-114	一般钢结构，红丹防锈漆第二遍	100kg	5.582	19.95	111.37	44.66	11.39	55.32
		主材：醇酸防锈漆 C53-1	kg	5.303	18.00	95.45		95.45	
61	11-118	一般钢结构，银粉漆第一遍	100kg	5.582	23.91	133.47	44.66	33.49	55.32
		主材：酚醛清漆各色	kg	1.396	19.00	26.51		26.51	
62	11-119	一般钢结构，银粉漆第二遍	100kg	5.582	23.04	128.62	44.66	28.64	55.32
		主材：酚醛清漆各色	kg	1.284	19.00	24.39		24.39	
63	6-2670	焊缝无损探伤 X 光射线探伤 80mm×150mm 管壁厚（mm 以内）16	10 张	10.400	422.07	4389.53	1339.52	992.99	2057.02
		合计				231555.40	9569.43	216129.72	5856.25

表 5-27　主要设备、材料价格表

工程名称：唐山奶制品厂制冷机房安装工程　　　　　　　　第1页　共2页

编码	名称及型号规格	单位	数　量	预算价/元	市场价/元	市场价合计/元	价差合计/元
	未计价材用量					211188.50	
	活塞式 V 形制冷压缩机组 4AV10	台	2.0000	44040.00	44040.00	88080	
	卧式冷凝器 DWN—50	台	1.0000	37150.00	37150.00	37150	
	贮氨器 ZA—1.0	台	1.0000	11900.00	11900.00	11900	
	氨液分离器 AF—80	台	2.0000	4560.00	4560.00	9120	
	集油器 JY—150	台	1.0000	1780.00	1780.00	1780	
	板式液面计	台	2.0000	2000.00	2000.00	4000	
	液氨	t	1.5000	5100.00	5100.00	7650	
	冷冻机油	t	0.0240	21000.00	21000.00	504	
AB2W0050	铝合金板 $\delta=0.8$	m²	7.7880	120.00	120.00	934.56	
AB2W0050	铝合金板 $\delta=0.6$	m²	51.1440	85.00	85.00	4347.24	
AC9W0003	型钢	kg	569.3640	5.30	5.30	3017.6292	
DC1-0004	酚醛调和漆（各种颜色）	kg	1.2574	20.00	20.00	25.148	
DE1-0019	醇酸防锈漆 C53-1	kg	16.4455	18.00	18.00	296.019	
OA0-0012	无缝钢管 $D18\times2.5$	m	24.3000	11.05	11.05	268.515	
OA0-0013	无缝钢管 $D25\times2.5$	m	6.8040	13.67	13.67	93.01068	
OA0-0014	无缝钢管 $D32\times2.5$	m	17.4960	14.50	14.50	253.692	
OA0-0015	无缝钢管 $D38\times2.5$	m	19.4400	15.80	15.80	307.152	
OA0-0016	无缝钢管 $D45\times2.5$	m	1.9440	20.64	20.64	40.12416	
OA0-0017	无缝钢管 $D57\times3$	m	38.2800	30.59	30.59	1170.9852	
OA0-0019	无缝钢管 $D89\times3.5$	m	2.8710	54.74	54.74	157.15854	
SZ1W0018	铝合金板 $\delta=0.6$	10m²	1.9720	85.00	85.00	167.62	

（续）

工程名称：唐山奶制品厂制冷机房安装工程　　　　　　　　　　第2页 共2页

编码	名称及型号规格	单位	数 量	预算价/元	市场价/元	市场价合计/元	价差合计/元
W#000551	酚醛清漆各色	kg	2.6794	19.00	19.00	50.9086	
W#000653	无缝钢管 D76×3.5	m	9.5700	43.00	43.00	411.51	
W#001427	氨压力表	个	6.0000	95.00	95.00	570	
W#002209	氨直通式截止阀 DN65	个	3.0000	1200.00	1200.00	3600	
W#002229	氨直通式截止阀 DN15	个	9.0000	304.00	304.00	2736	
W#002229	氨直通式截止阀 DN10	个	2.0000	290.00	290.00	580	
W#002229	氨压力表阀 DN6	个	6.0000	230.00	230.00	1380	
W#002230	氨直通式截止阀 DN20	个	3.0000	353.00	353.00	1059	
W#002230	贮油器（液面计用）	个	2.0000	350.00	350.00	700	
W#002231	氨直通式截止阀 DN25	个	6.0000	409.00	409.00	2454	
W#002231	氨直通式节流阀 DN25	个	2.0000	1039.00	1039.00	2078	
W#002231	氨直通过滤器 FIA20	个	1.0000	1617.00	1617.00	1617	
W#002232	氨直通式截止阀 DN32	个	5.0000	543.00	543.00	2715	
W#002233	氨直通式截止阀 DN40	个	1.0000	764.00	764.00	764	
W#002234	氨直通式截止阀 DN50	个	10.0000	912.00	912.00	9120	
W#002312	低压碳钢对焊法兰 DN65	片	6.0000	12.00	12.00	72	
W#002326	弯头 DN25	个	18.0000	12.50	12.50	225	
W#002327	弯头 DN32	个	14.0000	15.20	15.20	212.8	
W#002329	弯头 DN50	个	24.0000	33.00	33.00	792	
W#002330	弯头 DN65	个	3.0000	75.40	75.40	226.2	
W#002331	弯头 DN80	个	2.0000	96.50	96.50	193	
ZE1W0491	聚氨酯泡塑保温	m³	3.5880	1550.00	1550.00	5561.4	
ZE1W0491	聚氨酯泡塑保温安装管道 φ57 以下（厚度）长 70mm	m³	1.8115	1550.00	1550.00	2807.825	
	合计					211188.50	

4. 计算措施费

确定本工程措施项目，计算措施费，得出措施费和其中人工费、机械费，见表5-28。

表5-28 措施项目预算表

工程名称：唐山奶制品厂制冷机房安装工程　　　　　　　　　　　　　第1页 共1页

项目编号	项目名称	单位	数量	单价/元	合价/元	其中		
						人工费/元	材料费/元	机械费/元
	1. 可竞争措施费1				524.08	131.50	392.58	
6-3171	脚手架搭拆费（工业管道安装工程）	项	1.000	254.16	254.16	64.02	190.14	
10-743	自动化仪表控制作安装装工程脚手架搭拆费	项	1.000	6.72	6.72	1.68	5.04	
11-2776	刷油工程脚手架搭拆费	项	1.000	30.16	30.16	7.54	22.62	
11-2778	绝热工程脚手架搭拆费	项	1.000	233.04	233.04	58.26	174.78	
	2. 可竞争措施费2				2424.92	991.88	1433.04	
1-1463	生产工具用具使用费（安装）	项	1.000	541.44	541.44		541.44	
1-1464	检验试验配合费（安装）	项	1.000	165.05	165.05	66.33	98.72	
1-1465	冬、雨期施工增加费（安装）	项	1.000	462.77	462.77	249.9	212.87	
1-1466	夜间施工增加费（安装）	项	1.000	161.97	161.97	97.18	64.79	
1-1467	已完工程及设备保护费（安装）	项	1.000	97.18	97.18	29.31	67.87	
1-1468	二次搬运费（安装）	项	1.000	427.3	427.3	231.39	195.91	
1-1469	工程定位复测配合费及场地清理费（安装）	项	1.000	149.63	149.63	91.01	58.62	
1-1470	停水停电增加费（安装）	项	1.000	419.58	419.58	226.76	192.82	
	3. 不可竞争措施费				1437.49	388.93	905.43	143.13
1-1473	安全防护、文明施工费（安装）	项	1.000	1437.49	1437.49	388.93	905.43	143.13
	4. 措施费合计				4386.49	1512.31	2731.05	143.13
	说明：可竞争措施费1指不包括其他措施项目的可竞争措施项目费；可竞争措施费2专指其他措施项目费							
	合计				4386.49	1512.31	2731.05	143.13

5. 计算各种应取费用、确定工程造价

根据安装工程类别划分，本工程属于二类工程。

根据河北省安装工程计价程序和费率，逐项计算企业管理费、规费、利润和税金等，最后确定工程造价，见表5-29。

表5-29 单位工程费汇总表

工程名称：唐山奶制品厂制冷机房安装工程 　　　　　　　　　　　　第1页 共1页

序号	项目名称	计算基础	费率(%)	费用金额/元
		安装工程．二类工程．包工包料		
1	直接费	1.1＋1.2		235941.89
1.1	直接工程费			231555.40
1.1.1	其中：人工费			9569.43
1.1.2	其中：材料费			4940.97
1.1.3	其中：机械费			5856.25
1.1.4	其中：未计价材料费			211188.75
1.2	措施费			4386.49
1.2.1	其中：人工费			1512.31
1.2.2	其中：材料费			2731.05
1.2.3	其中：机械费			143.13
2	取费基数	1.1.1＋1.1.3＋1.2.1＋1.2.3		17081.12
3	企业管理费	2	20.00	3416.22
4	利润	2	11.00	1878.92
5	规费	2	19.00	3245.41
6	价款调整	按合同确认的方式方法计算（本例略）		
7	税金	(1＋3＋4＋5＋6)×费率	3.45	8434.64
8	工程造价	1＋3＋4＋5＋6＋7		252917.09
	合计			252917.09

6. 编写施工图预算编制说明

（略）

7. 装订施工图预算书

参见第四章例。

二、工程量清单计价

1. 编制分部分项工程量清单与计价表

根据招标单位提供的分部分项工程量清单编制分部分项工程量清单与计价表，见表5-30。

表 5-30　分部分项工程量清单与计价表

工程名称：唐山奶制品厂制冷机房安装工程　　　　　　　　　　　　　　　　第 1 页　共 5 页

序号	项目编码	项目名称	项目特征	计量单位	工程数量	综合单价	合价
1	030110001001	活塞式压缩机 4AV10	1. 名称：制冷压缩机 2. 型号：4AV10	台	2.000	45735.78	91471.56
2	030113010001	冷凝器 DWN—50	1. 名称：卧式冷凝器 2. 型号：DWN—50	台	1.000	38523.33	38523.33
3	030113012001	贮氨器 ZA—1.0	1. 名称：贮氨器 2. 型号：ZA—1.0	台	1.000	12700.30	12700.30
4	030113013001	氨液分离器 AF—80	1. 名称：氨液分离器 2. 型号：AF—80 3.110mm 聚氨酯泡塑保温，保温外加 0.8mm 厚铝合金板保护层	台	2.000	8370.03	16740.06
5	030113017001	集油器 JY—150	1. 名称：集油器 2. 型号：JY—150	台	1.000	1984.56	1984.56
6	030607003001	氨直通式截止阀，*DN*65	1. 名称：氨直通式截止阀 2. 连接形式：法兰联接 3. 型号规格：*DN*65 4. 75mm 聚氨酯泡塑保温，保温外加 0.6mm 厚铝合金板保护层	个	2.000	1271.70	2543.40
7	030607003002	氨直通式截止阀，*DN*65	1. 名称：氨直通式截止阀 2. 连接形式：法兰联接 3. 型号规格：*DN*65	个	1.000	1237.55	1237.55
8	030610002001	低压碳钢法兰，*DN*65	1. 型号规格：*DN*65	副	3.000	77.99	233.97
9	030607002003	氨直通式截止阀，*DN*50	1. 名称：氨直通式截止阀 2. 连接形式：焊接 3. 型号规格：*DN*50 4. 75mm 聚氨酯泡塑保温，保温外加 0.6mm 厚铝合金板保护层	个	10.000	974.97	9749.70
10	030607002004	氨直通式截止阀，*DN*40	1. 名称：氨直通式截止阀 2. 连接形式：焊接 3. 型号规格：*DN*40	个	1.000	798.66	798.66
11	030607002005	氨直通式截止阀，*DN*32	1. 名称：氨直通式截止阀 2. 连接形式：焊接 3. 型号规格：*DN*32 4. 70mm 聚氨酯泡塑保温，保温外加 0.6mm 厚铝合金板保护层	个	3.000	584.37	1753.11
12	030607002006	氨直通式截止阀，*DN*32	1. 名称：氨直通式截止阀 2. 连接形式：焊接 3. 型号规格：*DN*32	个	2.000	573.12	1146.24

工程名称：唐山奶制品厂制冷机房安装工程

序号	项目编码	项目名称	项目特征	计量单位	工程数量	综合单价	合价
						金额/元	
13	030607002007	氨直通式截止阀，DN25	1. 名称：氨直通式截止阀 2. 连接形式：焊接 3. 型号规格：DN25 4. 70mm 聚氨酯泡塑保温，保温外加0.6mm 厚铝合金板保护层	个	2.000	442.76	885.52
14	030607002008	氨直通式截止阀，DN25	1. 名称：氨直通式截止阀 2. 连接形式：焊接 3. 型号规格：DN25	个	4.000	434.32	1737.28
15	030607002009	氨直通式截止阀，DN20	1. 名称：氨直通式截止阀 2. 连接形式：焊接 3. 型号规格：DN20 4. 70mm 聚氨酯泡塑保温，保温外加0.6mm 厚铝合金板保护层	个	2.000	382.50	765.00
		小计					182270.24
16	030607002010	氨直通式截止阀，DN20	1. 名称：氨直通式截止阀 2. 连接形式：焊接 3. 型号规格：DN20	个	1.000	375.79	375.79
17	030607002011	氨直通式截止阀，DN15	1. 名称：氨直通式截止阀 2. 连接形式：焊接 3. 型号规格：DN15 4. 70mm 聚氨酯泡塑保温，保温外加0.6mm 厚铝合金板保护层	个	3.000	330.04	990.12
18	030607002012	氨直通式截止阀，DN15	1. 名称：氨直通式截止阀 2. 连接形式：焊接 3. 型号规格：DN15	个	6.000	325.57	1953.42
19	030607002013	氨直通式截止阀，DN10	1. 名称：氨直通式截止阀 2. 连接形式：焊接 3. 型号规格：DN10	个	2.000	311.57	623.14
20	030607002014	氨直通式节流阀，DN25	1. 名称：氨直通式节流阀 2. 连接形式：焊接 3. 型号规格：DN25	个	2.000	1064.32	2128.64
21	030113014001	氨直通式过滤器 FIA25	1. 名称：氨直通式过滤器 2. 连接形式：焊接 3. 型号规格：FIA25	个	1.000	1642.32	1642.32
22	031001004001	板式液面计安装	1. 名称：板式液面计 2. 贮油器安装	台	2.000	2446.83	4893.66
23	031001002001	压力表0.1~4MPa	1. 压力表0.1~4MPa 2. 氨压力表阀安装	台	6.000	376.27	2257.62

工程名称：唐山奶制品厂制冷机房安装工程

序号	项目编码	项目名称	项目特征	计量单位	工程数量	金额/元	
						综合单价	合价
24	030601004001	无缝钢管－$D89 \times 3.5$	1. 材质：无缝钢管 2. 焊接方式：焊接 3. 型号规格：$D89 \times 3.5$ 4. 压力试验、吹扫、清洗 5. 除锈标准、刷油防腐、绝热及保护层设计要求：管道除锈，红丹防锈漆两遍，75mm厚聚氨酯泡塑保温，保温外加0.6mm厚铝合金板保护层，介质流向箭头表示	m	3.000	244.26	732.78
25	030601004002	无缝钢管－$D76 \times 3.5$	1. 材质：无缝钢管 2. 焊接方式：焊接 3. 型号规格：$D76 \times 3.5$ 4. 压力试验、吹扫、清洗 5. 除锈标准、刷油防腐、绝热及保护层设计要求：管道除锈，红丹防锈漆两遍，75mm厚聚氨酯泡塑保温，保温外加0.6mm厚铝合金板保护层，介质流向箭头表示	m	5.000	221.02	1105.10
26	030601004003	无缝钢管－$D76 \times 3.5$	1. 材质：无缝钢管 2. 焊接方式：焊接 3. 型号规格：$D76 \times 3.5$ 4. 压力试验、吹扫、清洗 5. 除锈标准、刷油防腐、绝热及保护层设计要求：管道除锈，红丹防锈漆两遍，刷色漆两道，介质流向箭头表示	m	5.000	62.87	314.35
		小计					17016.94
27	030601004004	无缝钢管－$D57 \times 3.0$	1. 材质：无缝钢管 2. 焊接方式：焊接 3. 型号规格：$D57 \times 3.0$ 4. 压力试验、吹扫、清洗 5. 除锈标准、刷油防腐、绝热及保护层设计要求：管道除锈，红丹防锈漆两遍，70mm厚聚氨酯泡塑保温，保温外加0.6mm厚铝合金板保护层，介质流向箭头表示	m	35.000	194.86	6820.10
28	030601004005	无缝钢管－$D57 \times 3.0$	1. 材质：无缝钢管 2. 焊接方式：焊接 3. 型号规格：$D57 \times 3.0$ 4. 压力试验、吹扫、清洗 5. 除锈标准、刷油防腐、绝热及保护层设计要求：管道除锈，红丹防锈漆两遍，刷色漆两道，介质流向箭头表示	m	5.000	46.61	233.05

工程名称：唐山奶制品厂制冷机房安装工程

序号	项目编码	项目名称	项目特征	计量单位	工程数量	综合单价	合价
						金额/元	
29	030601004006	无缝钢管 – D45×2.5	1. 材质：无缝钢管 2. 焊接方式：焊接 3. 型号规格：D45×2.5 4. 压力试验、吹扫、清洗 5. 除锈标准、刷油防腐、绝热及保护层设计要求：管道除锈，红丹防锈漆两遍，刷色漆两道，介质流向箭头表示	m	2.000	35.50	71.00
30	030601004007	无缝钢管 – D38×2.5	1. 材质：无缝钢管 2. 焊接方式：焊接 3. 型号规格：D38×2.5 4. 压力试验、吹扫、清洗 5. 除锈标准、刷油防腐、绝热及保护层设计要求：管道除锈，红丹防锈漆两遍，70mm 厚聚氨酯泡塑保温，保温外加 0.6mm 厚铝合金板保护层，介质流向箭头表示	m	10.000	152.05	1520.50
31	030601004008	无缝钢管 – D38×2.5	1. 材质：无缝钢管 2. 焊接方式：焊接 3. 型号规格：D38×2.5 4. 压力试验、吹扫、清洗 5. 除锈标准、刷油防腐、绝热及保护层设计要求：管道除锈，红丹防锈漆两遍，刷色漆两道，介质流向箭头表示	m	10.000	29.87	298.70
32	030601004009	无缝钢管 – D32×2.5	1. 材质：无缝钢管 2. 焊接方式：焊接 3. 型号规格：D32×2.5 4. 压力试验、吹扫、清洗 5. 除锈标准、刷油防腐、绝热及保护层设计要求：管道除锈，红丹防锈漆两遍，70mm 厚聚氨酯泡塑保温，保温外加 0.6mm 厚铝合金板保护层，介质流向箭头表示	m	10.000	145.09	1450.90
		小计					10394.25
33	030601004010	无缝钢管 – D32×2.5	1. 材质：无缝钢管 2. 焊接方式：焊接 3. 型号规格：D32×2.5 4. 压力试验、吹扫、清洗 5. 除锈标准、刷油防腐、绝热及保护层设计要求：管道除锈，红丹防锈漆两遍，刷色漆两道，介质流向箭头表示	m	8.000	27.67	221.36

工程名称：唐山奶制品厂制冷机房安装工程

序号	项目编码	项目名称	项目特征	计量单位	工程数量	金额/元	
						综合单价	合价
34	030601004011	无缝钢管－D25×2.5	1. 材质：无缝钢管 2. 焊接方式：焊接 3. 型号规格：D25×2.5 4. 压力试验、吹扫、清洗 5. 除锈标准、刷油防腐、绝热及保护层设计要求：管道除锈，红丹防锈漆两遍，刷色漆两道，介质流向箭头表示	m	7.000	25.60	179.20
35	030601004012	无缝钢管－D18×2.5	1. 材质：无缝钢管 2. 焊接方式：焊接 3. 型号规格：D18×2.5 4. 压力试验、吹扫、清洗 5. 除锈标准、刷油防腐、绝热及保护层设计要求：管道除锈，红丹防锈漆两遍，刷色漆两道，介质流向箭头表示	m	25.000	22.38	559.50
36	030604001001	低压碳钢管件弯头	1. 材质：低压碳钢 2. 连接方式：焊接 3. 型号规格：弯头D89	个	2.000	150.56	301.12
37	030604001002	低压碳钢管件弯头	1. 材质：低压碳钢 2. 连接方式：焊接 3. 型号规格：弯头D76	个	3.000	121.85	365.55
38	030604001003	低压碳钢管件弯头	1. 材质：低压碳钢 2. 连接方式：焊接 3. 型号规格：弯头D57	个	24.000	64.35	1544.40
39	030604001004	低压碳钢管件弯头	1. 材质：低压碳钢 2. 连接方式：焊接 3. 型号规格：弯头D38	个	14.000	39.56	553.84
40	030604001005	低压碳钢管件弯头	1. 材质：低压碳钢 2. 连接方式：焊接 3. 型号规格：弯头D32	个	18.000	32.29	581.22
41	030617002001	管道及设备加氨	型号：GB536	kg	1500.000	5.41	8115.00
42	030617002002	设备加机油		kg	24.000	21.31	511.44
43	030615001001	管架制作、安装	1. 型号规格：角钢L50×5、槽钢匚20 2. 除锈、刷漆、防腐设计要求：除锈，防锈漆两遍，面漆两遍	kg	558.240	14.84	8284.28
44	030616003001	焊缝X光射线探伤	1. 规格：管壁厚16mm以内 2. 底片规格：80mm×150mm	张	104.000	52.33	5442.32
		小计					26659.23
		合计					236340.66

2. 编制措施项目清单与计价表

根据招标单位提供的措施项目清单，编制措施项目清单与计价表，见表5-31。

表5-31 措施项目清单与计价表

工程名称：唐山奶制品厂制冷机房安装工程　　　　　　　　　　　　　　　　　第1页 共2页

项目编码	项目名称	金额/元
1 不可竞争措施项目		
1.1	安全防护、文明施工费	1602.43
2 可竞争措施项目		
2.1.1	混凝土、钢筋混凝土模板及支架	
2.1.2	脚手架	564.84
2.1.3	大型机械设备进出场及安装、拆卸	
2.1.4	生产工具用具使用费	541.45
2.1.5	检验试验配合费	185.63
2.1.6	冬、雨期施工增加费	540.25
2.1.7	夜间施工增加费	192.10
2.1.8	二次搬运费	499.03
2.1.9	工程定位复测配合费及场地清理费	177.84
2.1.10	停水停电增加费	489.87
2.1.11	已完工程及设备保护费	106.26
2.1.12	施工排水、降水	
2.1.13	地上、地下设施、建筑物的临时保护措施	
2.1.14	施工与生产同时进行增加费	
2.1.15	有害环境中施工增加费	
2.1.16	超高费	
2.4.1	组装平台	
2.4.2	设备、管道施工的安全、防冻和焊接保护措施	
2.4.3	压力容器和高压管道的检验	
2.4.4	焦炉施工大棚	
2.4.5	焦炉烘炉、热态工程	
2.4.6	管道安装后的充气保护措施	
2.4.7	隧道内施工的通风、供水、供气、供电、照明及通信设施	

（续）

工程名称：唐山奶制品厂制冷机房安装工程

项目编码	项目名称	金额/元
2.4.8	长输管道临时水工保护措施	
2.4.9	长输管道施工便道	
2.4.10	长输管道跨越或穿越施工措施	
2.4.11	长输管道地下穿越地上建筑物的保护设施	
2.4.12	长输管道工程施工队伍调遣	
2.4.13	格架式抱杆	
2.4.14	操作高度增加费	
	合计	4899.7

3. 编制其他项目清单与计价表

本例略。

4. 编制规费、税金计价表

根据计价规范规定的规费、税金的计价方法，计算规费、税金应取费用。

5. 编制单位工程费汇总表

根据上述计算结果，编制单位工程费汇总表，见表5-32。

表5-32 单位工程费汇总表

工程名称：唐山奶制品厂制冷机房安装工程

序号	名称	计算基数	费率(%)	金额/元	其中		
					人工费/元	材料费/元	机械费/元
1	分部分项工程量清单	STXM	100.000	236340.66	9575.11	216128.64	5862.65
2	措施项目清单	CSXM	100.000	4899.70	1512.31	2731.08	143.13
3	其他项目清单	QTXM	100.000				
4	规费	STXM_FY3 + CSXM_FY3	100.000	3237.87			
5	税金	F1 + F2 + F3 + F4	3.450	8434.50			
	合计			252912.73	11087.42	218859.72	6005.78

6. 编制分部分项工程量清单综合单价分析表

分部分项工程量清单综合单价分析表见表5-33。

7. 编制措施项目清单综合单价分析表

措施项目清单综合单价分析表见表5-34。

8. 编制主要设备、材料价格表

主要设备、材料价格表见表5-27。

最后，将各种材料按顺序装订成册。

表 5-33　分部分项工程量清单综合单价分析表

工程名称：唐山奶制品厂制冷机房安装工程

序号	项目编码（定额编号）	项目名称	单位	数量	综合单价/元	合价/元	综合单价组成/元				人工单价/（元/工日）
							人工费	材料费	机械费	管理费和利润	
1	030110001001	活塞式压缩机 4AV10	台	2.000	45735.78	91471.56	958.40	44378.94	77.36	321.08	40.00
	1-1065	活塞式 V 型制冷压缩机组安装	台	2.000	45735.78	91471.56	958.40	44378.94	77.36	321.08	40.00
2	030113010001	冷凝器 DWN—50	台	1.000	38523.33	38523.33	634.80	37520.11	131.02	237.40	40.00
	1-1326	卧式冷凝器安装	台	1.000	38523.33	38523.33	634.80	37520.11	131.02	237.40	40.00
3	030113012001	贮氨器 ZA—1.0	台	1.000	12700.3	12700.3	298.00	12208.58	77.36	116.36	40.00
	1-1357	贮氨器安装	台	1.000	12700.30	12700.30	298.00	12208.58	77.36	116.36	40.00
4	030113013001	氨液分离器 AF—80	台	2.000	8370.83	16740.06	397.20	7798.53	39.67	135.42	40.00
	1-1368	氨液分离器安装	台	2.000	5032.79	10065.58	192.00	4765.75	11.85	63.19	40.00
	11-1832	聚氨酯泡沫塑料保温安装	m³	1.515	1856.89	2813.19	117.60	1690.17	9.67	39.45	40.00
	11-2335	防潮层、保护层安装金属薄板钉口安装—一般设备	10m²	0.325	1614.93	524.85	83.20	1452.84	40.53	38.36	40.00
5	030113017001	集油器 JY—150	台	1.000	1984.56	1984.56	57.60	1893.58	11.85	21.53	40.00
	1-1397	集油器安装	台	1.000	1984.56	1984.56	57.60	1893.58	11.85	21.53	40.00
6	030607003001	氨直通式截止阀，DN65	个	2.000	1271.7	2543.4	24.38	1230.33	7.21	9.80	40.00
	6-1384	氨直通式截止阀，DN65	个	2.000	1237.55	2475.10	18.80	1203.76	6.99	8.00	40.00
	11-1789	阀门聚氨酯泡沫塑料保温（厚度）75mm	m³	0.013	1996.54	25.96	160.40	1773.75	9.67	52.72	40.00
	11-2373	金属保温盒、托盘、钩钉制作安装镀锌铁皮盒制作安装门	10m²	0.026	1628.37	42.34	348.80	1156.00	11.79	111.78	40.00
7	030607003002	氨直通式截止阀，DN65	个	1.000	1237.55	1237.55	18.80	1203.76	6.99	8.00	40.00
	6-1384	氨直通式截止阀，DN65	个	1.000	1237.55	1237.55	18.80	1203.76	6.99	8.00	40.00

工程名称：唐山奶制品厂制冷机房安装工程

序号	项目编码（定额编号）	项目名称	单位	数量	综合单价/元	合价/元	综合单价组成/元				人工单价/（元/工日）
							人工费	材料费	机械费	管理费和利润	
8	03061000 2001	低压碳钢法兰，DN65	副	3.000	77.99	233.97	11.60	32.51	23.12	10.76	40.00
	6-1810	低压法兰	副	3.000	77.99	233.97	11.60	32.51	23.12	10.76	40.00
9	03060700 2003	氨直通式截止阀，DN50	个	10.000	974.97	9749.7	14.46	933.60	17.12	9.80	40.00
	6-1377	氨直通式截止阀，DN50	个	10.000	952.78	9527.80	10.80	916.38	16.98	8.62	40.00
	11-1789	阀门聚氨酯泡塑保温（厚度）75mm	m³	0.041	1996.54	81.86	160.40	1773.75	9.67	52.72	40.00
	11-2373	金属保温盒、托盘、钩钉制作安装镀锌铁皮盒制作安装阀门	10m²	0.086	1628.37	140.04	348.80	1156.00	11.79	111.78	40.00
10	03060700 2004	氨直通式截止阀，DN40	个	1.000	798.66	798.66	8.80	767.33	15.12	7.41	40.00
	6-1376	氨直通式截止阀，DN40	个	1.000	798.66	798.66	8.80	767.33	15.12	7.41	40.00
20	03060700 2014	氨直通式节流阀，DN25	个	2.000	1064.32	2128.64	6.00	1041.83	11.17	5.32	40.00
	6-1374	氨直通式节流阀，DN25	个	2.000	1064.32	2128.64	6.00	1041.83	11.17	5.32	40.00
21	03011301 4001	氨直通式过滤器 FIA25	个	1.000	1642.32	1642.32	6.00	1619.83	11.17	5.32	40.00
	6-1374	氨直通式过滤器 FIA25	个	1.000	1642.32	1642.32	6.00	1619.83	11.17	5.32	40.00
22	03100100 4001	板式液面计安装	台	2.000	2446.83	4893.66	46.40	2373.29	9.73	17.41	40.00
	10-76	板式液面计安装	台	2.000	2074.04	4148.08	40.80	2020.59		12.65	40.00
	6-1373	贮油器（液面计用）	个	2.000	372.79	745.58	5.60	352.70	9.73	4.76	40.00
23	03100100 2001	压力表 0.1~4MPa	台	6.000	376.27	2257.62	24.00	331.52	10.16	10.59	40.00
	10-25	压力表仪表	块	6.000	124.70	748.20	18.80	98.88	0.91	6.11	40.00
	6-1372	氨压压力表阀	个	6.000	251.57	1509.42	5.20	232.64	9.25	4.48	40.00

工程名称：唐山奶制品厂制冷机房安装工程

序号	项目编码（定额编号）	项目名称	单位	数量	综合单价/元	合价/元	综合单价组成/元				人工单价/（元/工日）
							人工费	材料费	机械费	管理费和利润	
24	030601004001	无缝钢管－D89×3.5	m	3.000	244.26	732.78	19.59	207.67	8.34	8.65	40.00
	6-55	低压管道碳钢管（氩电联焊）公称直径（mm以内）80	10m	0.300	622.44	186.73	45.60	532.81	22.82	21.21	40.00
	11-1	手工管道除锈管道轻锈	10m²	0.084	18.22	1.53	12.40	1.98		3.84	40.00
	11-51	管道刷油，红丹防锈漆第一遍	10m²	0.084	42.46	3.57	10.00	29.36		3.10	40.00
	11-52	管道刷油，红丹防锈漆第二遍	10m²	0.084	39.09	3.28	10.00	25.99		3.10	40.00
	6-2611	管道系统吹扫空气吹扫公称直径（mm以内）100	100m	0.030	143.16	4.29	59.60	19.10	35.10	29.36	40.00
	6-2573	管道压力试验低中压管道气压试验公称直径（mm以内）100	100m	0.030	206.27	6.19	102.40	19.65	40.06	44.16	40.00
	6-2598	管道压力试验低中压管道真空试验公称直径（mm以内）100	100m	0.030	336.24	10.09	152.40	19.10	89.69	75.05	40.00
	6-2592	管道压力试验低中压管道泄漏性试验公称直径（mm以内）100	100m	0.030	240.85	7.23	128.80	19.65	40.06	52.34	40.00
	11-1798	聚氨酯泡塑料保温安装管道 φ133以下（厚度）75mm	m³	0.121	1825.89	220.93	71.20	1719.95	9.67	25.07	40.00
	11-2334	防潮层，保护层安装，金属薄板钉口安装（管道）	10m²	0.240	1203.94	288.95	85.20	1032.97	45.31	40.46	40.00
26	030601004003	无缝钢管－D76×3.5	m	5.000	62.87	314.35	9.58	45.08	4	4.21	40.00
	6-54	低压管道碳钢管（氩电联焊）公称直径（mm以内）65	10m	0.500	495.76	247.88	38.80	419.36	19.52	18.08	40.00
	11-1	手工管道除锈管道轻锈	10m²	0.120	18.22	2.19	12.40	1.98		3.84	40.00
	11-51	管道刷油，红丹防锈漆第一遍	10m²	0.120	42.46	5.10	10.00	29.36		3.10	40.00
	11-52	管道刷油，红丹防锈漆第二遍	10m²	0.120	39.09	4.69	10.00	25.99		3.10	40.00
	11-60	管道刷油，调和漆第一遍	10m²	0.120	35.48	4.26	10.40	21.86		3.22	40.00

工程名称：唐山奶制品厂制冷机房安装工程

序号	项目编码（定额编号）	项目名称	单位	数量	综合单价/元	合价/元	综合单价组成/元				人工单价（元/工日）
							人工费	材料费	机械费	管理费和利润	
	11-61	管道刷油，调和漆第二遍	10m²	0.120	32.56	3.91	10.00	19.46		3.10	40.00
	6-2611	管道系统吹扫空气吹扫公称直径（mm 以内）100	100m	0.050	143.16	7.16	59.60	19.10	35.10	29.36	40.00
	6-2573	管道压力试验低中压管道气压试验公称直径（mm 以内）100	100m	0.050	206.27	10.31	102.40	19.65	40.06	44.16	40.00
	6-2598	管道压力试验低中压管道真空试验公称直径（mm 以内）100	100m	0.050	336.24	16.81	152.40	19.10	89.69	75.05	40.00
	6-2592	管道压力试验低中压管道泄漏性试验公称直径（mm 以内）100	100m	0.050	240.85	12.04	128.80	19.65	40.06	52.34	40.00
36	03060400 1001	低压碳钢管件弯头	个	2.000	150.56	301.12	8.60	103.85	27.06	11.05	40.00
	6-725	低压碳钢管件（氩电联焊）连接，DN80mm 以内	10个	0.200	1505.59	301.12	86.00	1038.52	270.54	110.53	40.00
41	03061700 2001	管道及设备加氨	kg	1500.000	5.41	8115	0.21	5.10	0.03	0.08	40.00
	6-3019	加氨	t	1.500	5406.28	8109.42	207.20	5101.14	25.73	72.21	40.00
42	03061700 2002	设备加机油	kg	24.000	21.31	511.44	0.21	21.00	0.03	0.08	40.00
	6-3019	设备加机油	t	0.024	21306.28	511.35	207.20	21001.14	25.73	72.21	40.00
43	03061500 1001	管架制作、安装	kg	558.240	14.84	8284.28	3.01	7.93	2.27	1.64	40.00
	6-2976	木垫式管架制作安装	100kg	5.582	1296.88	7239.18	256.00	729.01	177.49	134.38	40.00
	11-7	手工除一般钢结构轻锈	100kg	5.582	30.69	171.31	12.40	1.47	9.91	6.91	40.00
	11-113	一般钢结构，红丹防锈漆第一遍	100kg	5.582	47.22	263.58	8.40	23.24	9.91	5.67	40.00
	11-114	一般钢结构，红丹防锈漆第二遍	100kg	5.582	42.60	237.79	8.00	19.14	9.91	5.55	40.00
	11-118	一般钢结构，银粉漆第一遍	100kg	5.582	34.21	190.96	8.00	10.75	9.91	5.55	40.00
	11-119	一般钢结构，银粉漆第二遍	100kg	5.582	32.96	183.98	8.00	9.50	9.91	5.55	40.00
44	03061600 3001	焊缝无损探伤 X 光射线探伤 80mm×150mm 管壁厚（mm 以内）16	张	104.000	52.33	5442.32	12.88	9.55	19.78	10.12	40.00
	6-2670	焊缝 X 光射线探伤	10 张	10.400	523.31	5442.42	128.80	95.48	197.79	101.24	40.00

注：1. 为了缩减篇幅，本表仅对部分分部分项工程量清单综合单价进行了分析，故序号不连贯。
2. 为简化内容，本例中管道、阀门安装均按低压考虑。

表 5-34　措施项目清单综合单价分析表

工程名称：唐山奶制品厂制冷机房安装工程　　　　　　　　　　　　　　　　　　　　　　　　　　　　　　　　第 1 页　共 2 页

序号	项目编码（定额编号）	项目名称	单位	数量	综合单价/元	合价/元	综合单价组成/元				人工单价/（元/工日）
							人工费	材料费	机械费	管理费和利润	
1.1		安全防护、文明施工费	项	1.000	1602.43	1602.43	388.93	905.43	143.13	164.94	
	1-1473	安全防护、文明施工费（安装）	项	1.000	1602.43	1602.43	388.93	905.43	143.13	164.94	
2.1.1		混凝土、钢筋混凝土模板及支架	项	1.000							
2.1.2		脚手架	项	1.000	564.84	564.84	131.50	392.58		40.76	
	6-3171	脚手架搭拆费（工业管道安装工程）	项	1.000	274.00	274.00	64.02	190.14		19.84	
	10-743	自动化仪表控制安装工程脚手架搭拆费	项	1.000	7.24	7.24	1.68	5.04		0.52	
	11-2776	刷油工程脚手架搭拆费	项	1.000	32.50	32.50	7.54	22.62		2.34	
	11-2778	绝热工程脚手架搭拆费	项	1.000	251.10	251.10	58.26	174.78		18.06	
2.1.3		大型机械设备进出场及安拆	项	1.000							
2.1.4		生产工具用具使用费	项	1.000	541.45	541.45		541.45			
	1-1463	生产工具用具使用费（安装）	项	1.000	541.45	541.45		541.45			
2.1.5		检验试验配合费	项	1.000	185.63	185.63	66.33	98.73		20.57	
	1-1464	检验试验配合费（安装）	项	1.000	185.63	185.63	66.33	98.73		20.57	
2.1.6		冬、雨期施工增加费	项	1.000	540.25	540.25	249.90	212.88		77.47	
	1-1465	冬、雨期施工增加费（安装）	项	1.000	540.25	540.25	249.90	212.88		77.47	
2.1.7		夜间施工增加费	项	1.000	192.10	192.10	97.18	64.79		30.13	
	1-1466	夜间施工增加费（安装）	项	1.000	192.10	192.10	97.18	64.79		30.13	
2.1.8		二次搬运费	项	1.000	499.03	499.03	231.39	195.91		71.73	
	1-1468	二次搬运费（安装）	项	1.000	499.03	499.03	231.39	195.91		71.73	
2.1.9		工程定位复测配合费及场地清理费	项	1.000	177.84	177.84	91.01	58.62		28.21	
	1-1469	工程定位复测配合费及场地清理费（安装）	项	1.000	177.84	177.84	91.01	58.62		28.21	
2.1.10		停水停电增加费	项	1.000	489.87	489.87	226.76	192.82		70.29	

工程名称：唐山钢制品厂制冷机房安装工程

序号	项目编码（定额编号）	项目名称	单位	数量	综合单价/元	合价/元	综合单价组成/元				人工单价/（元/工日）
							人工费	材料费	机械费	管理费和利润	
2.1.11	1-1470	停水停电增加费（安装）	项	1.000	489.87	489.87	226.76	192.82		70.29	
2.1.12		已完工程及设备保护费	项	1.000	106.26	106.26	29.31	67.87		9.08	
	1-1467	已完工程及设备保护费（安装）	项	1.000	106.26	106.26	29.31	67.87		9.08	
2.1.13		施工排水、降水	项	1.000							
2.1.14		地上、地下设施、建筑物的临时保护措施	项	1.000							
2.1.15		施工与生产同时进行增加费	项	1.000							
	1-1471	安装与生产同时进行增加费（安装）	项	1.000							
2.1.16		有害环境中施工增加费	项	1.000							
	1-1472	有害环境中施工增加费（安装）	项	1.000							
		超高费	项	1.000							
2.4.1		组装平台	项	1.000							
2.4.2		设备、管道施工的安全、防冻和焊接保护措施	项	1.000							
2.4.3		压力容器和高压管道的检验	项	1.000							
2.4.4		焦炉施工大棚	项	1.000							
2.4.5		焦炉烘炉、热态工程	项	1.000							
2.4.6		管道安装后的充气保护措施	项	1.000							
2.4.7		隧道内施工的通风、供水、供气、供电、照明及通信设施	项	1.000							
2.4.8		长输管道临时水工保护措施	项	1.000							
2.4.9		长输管道施工便道	项	1.000							
2.4.10		长输管道跨越或穿越施工措施	项	1.000							
2.4.11		长输管道地下穿越地上建筑物的保护设施	项	1.000							
2.4.12		长输管道施工队伍调遣	项	1.000							
2.4.13		格架式抱杆	项	1.000							
2.4.14		操作高度增加费	项	1.000							

第六章　安装工程计价软件的应用

第一节　安装工程计价软件简介

1. 广联达计价软件简介

随着《建设工程工程量清单计价规范》（GB 50500—2008）的深入执行与实际应用，计价模式从单一的定额组价模式向复杂多变的清单计价模式转变。招标方编制工程量清单，到市场上去选择合适的交易价格；投标方在市场中以竞争为导向，计算成本后再加相应利润报出建筑产品的生产价格。这种方式要求建筑业各方在计价的形式、内容、流程、信息化工具上做出相应改变，以符合市场形势的要求。

广联达计价软件是融招标管理、投标管理、计价于一体的全新计价软件。作为工程造价管理的核心产品，GBQ 以工程量清单计价和定额计价为基础，主要解决建设领域工程造价相关人员完成招投标阶段的预算编制工作，及其他工程造价阶段的概预算编制工作，帮助工程造价人员提高计价工作效率，并有效完成计价工作中的造价管理工作。该计价软件实现招投标业务的一体化，全面支持电子招投标应用，使计价更高效、招标更快捷、投标更安全。

2. 软件的安装操作

打开安装文件包，运行 AutoRun 命令，进入"广联达招投标整体解决方案"安装程序界面，如图 6-1 所示。分别单击各安装选项。在对整体解决方案安装时，可以根据自己的需要安装相应的组件，如清单计价软件 GBQ、清单算量软件 GCL、钢筋抽样软件 GGJ 等，如图 6-2 所示。整体方案安装完毕后，可选择安装定额计价软件 GBJ 和加密锁的驱动。

图 6-1　广联达招投标整体解决方案安装程序界面

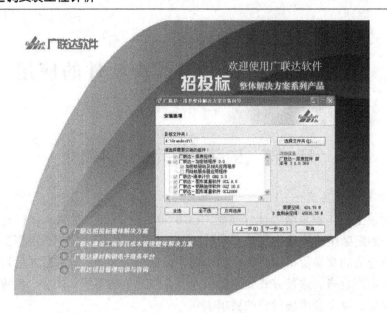

图 6-2　软件安装选项

3. 软件的计价步骤

　　广联达计价软件 GBQ 提供清单计价和定额计价两种计价方式。定额计价是按照定额子目的划分原则，将施工图设计的内容划分为计算造价的基本单位，即进行项目的划分，计算每个项目的工程量，然后选套相应项目的定额，再计取工程的各项费用，最后汇总得到整个工程的预算造价。使用 GBQ 定额计价时，单击新建向导后选择"定额计价"方式，选择定额和专业；在实体项目中输入子目及工程量、未计价材料的价格、材料换算及进行调差；按取费标准计取间接费、措施费、专项费用、利润和税金等，求和得到工程造价。

　　"计价规范"规定：招标人进行工程量清单的编制，并为投标人提供计价项目和格式，供投标人进行投标报价使用，表现形式为报表格式。投标人要进行工程量清单的计价，并以综合单价的形式表现。作为招标人使用 GBQ 进行清单编制时，单击新建向导后选择"清单计价"方式，选择"工程量清单"编制类型，选择清单及专业、定额及专业；在实体项目中输入清单编号及工程量并编制措施项目清单、其他项目清单的名称（需招标人填写的内容由招标人完成，如预留金、材料购置费等）。作为投标人使用 GBQ 进行投标编制时，单击新建向导后选择"清单计价"方式，选择"工程量清单计价投标"编制类型，选择清单及专业、定额及专业。从外部数据调入清单进行组价。在实体项目中输入子目及工程量、未计价材料的价格、材料换算及进行调差，按取费标准计取措施费、其他项目费、税金等，求和得到工程预算投标报价。

第二节　GBQ V3.0 定额计价

　　GBJ 是广联达定额计价软件，在 GBQ 计价软件中也具有和 GBJ 相同功能的定额计价模块。GBQ 与 GBJ 软件定额计价的操作流程一般是：新建工程→工程概况→预算书编制（子目输入）→调差→取费→报表输出。GBQ V3.0 软件界面如图 6-3 所示。

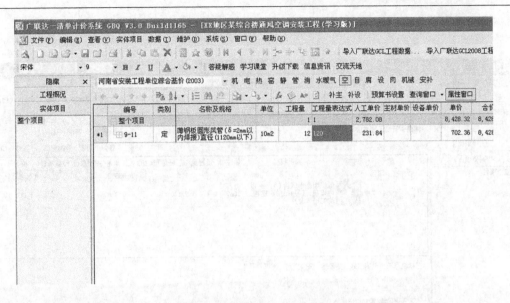

图 6-3 GBQ V3.0 软件界面

1. 子目输入

（1）直接输入 在编号列输入：9-11。

（2）定额库查询 单击"查询窗口"，选择"定额查询"，双击定额编号即可。

2. 工程量输入

（1）直接输入 在 9-11 子目的工程量列直接输入 120，工程量表达式显示 120，含量显示 12。

（2）表达式输入 在 9-11 子目的工程量列表达式列直接输入 120，含量显示 12。

（3）图元公式 对于规则图元面积、周长及体积的计算，可以输入公式主要参数来求解。

3. 换算

（1）标准换算 单击"属性窗口"，可在软件界面下方弹出对话框，在"标准换算"栏中选择需要换算的项目，单击确定，如图 6-4 所示。

（2）人材机换算 单击子目前的"＋"号，即可对打开的人材机各项进行名称和数量的修改。对人材机的按比例折算，如人工折算 80%、材料不变、机械折算 5%，则可在定额子目空格后输入 R×0.8，J×0.05。

（3）补充子目 在编号中输入 01，即增加补充子目 9-01。

（4）补充主材 对于未列出主材的子目，可单击工具栏"补主"进行添加，如图 6-5 所示。

4. 定额计价及报表输出

在计取技术措施费和组织措施费后，按照图 6-6 所示的计价步骤进行自动核算工程造价。核查无误后，可进行 Excel 表格的输出，如图 6-7 所示。

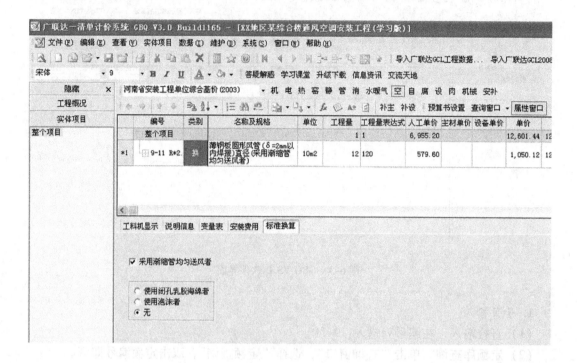

图 6-4　标准换算

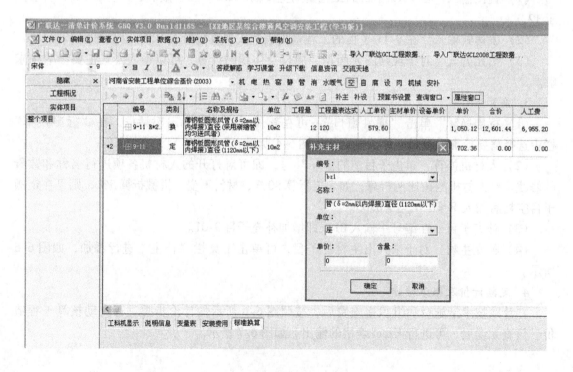

图 6-5　补充主材

广联达-清单计价系统 GBQ V3.0 Build1165 - [XX地区某综合楼通风空调安装工程(学习版)]

文件(F) 编辑(E) 查看(V) 计价程序(T) 数据(I) 维护(M) 系统(S) 窗口(W) 帮助(H)

导入广联达GCL工程数据... 导入广联达GCL200

宋体 · 9 · B I U A · ◇ · 答疑解惑 学习课堂 升级下载 信息资讯 交流天地

隐藏 ×					取费文件: 一类工程(2006-82号文、2008-2号文).FY			
工程概况		序号	费用名称	取费基数	费用说明	费率(%)	费用金额	是否合计行
实体项目	*1	1	综合计价合计	DEZJF	实体项目 定额直接费合计		26,648.64	□
措施项目	2	2	计价中人工费合计	RGF	实体项目人工费		11,592.00	□
其它项目	3	3	未计价材料费用	ZCF+SBF	实体项目主材费+实体项目设备费		0.00	□
人材机汇总	4	4	施工措施费	F5+F6	[5]+[6]		0.00	□
计价程序	5	4.1	施工技术措施费	JSCSF	组价措施项目合计		0.00	□
	6	4.2	施工组织措施费	QTCSF-JSCSF	措施项目合计-组价措施项目合计		0.00	□
费用文件	7	5	差价	F8:F10+F11	[8~10]+[11]		-440.50	□
	8	5.1	人工费差价	C_RGB_JC	人工费表价差合计		0.00	□
	9	5.2	材料差价	C_CLB_JC	材料表价差合计		0.00	□
	10	5.3	机械差价	C_JXB_JC	机械表价差合计		0.00	□
	11	5.4	扣临时设施费	-(GR+JSCSF_GR)*21	-(实体项目工日数+组价措施项目费中工日数)×21	3.8	-440.50	□
	12	6	专项费用	F13+F14	[13]+[14]		3,941.28	□
	13	6.1	社会保险费	F2	[2]	33	3,825.36	□
	14	6.2	工程定额测定费	F2	[2]	1	115.92	□
	15	7	工程成本	F1+F3+F4+F7+F12	[1]+[3]+[4]+[7]+[12]		30,149.42	□
	16	8	利润	F2	[2]	68	7,882.56	□
	17	9	其他项目费	QTXMF	其它项目合计		0.00	□
	18	10	人工费调整	(GR+JSCSF_GR)*(43-27.25)	(实体项目工日数+组价措施项目费中工日数)×(43-27.25)		8,694.00	□
	19	11	安全文明施工费	F20:F22	[20~22]		978.01	□
	20	11.1	基本费	ZJF	实体项目合计	2.08	554.29	□
	21	11.2	考评费	ZJF	实体项目合计	0.98	261.16	□
	22	11.3	奖励	ZJF	实体项目合计	0.61	162.56	□
	23	12	税金	F15+F16+F17+F18+F19	[15]+[16]+[17]+[18]+[19]	3.413	1,626.14	□
	24	13	工程造价	F15+F16+F17+F18+F19+F23	[15]+[16]+[17]+[18]+[19]+[23]		49,332.13	☑

图6-6 计价程序

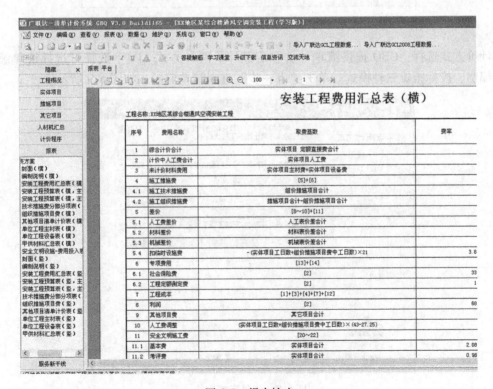

图6-7 报表输出

第三节　GBQ V3.0 清单编制

1. 新建工程

打开"广联达清单整体解决方案"，单击"gbq3. exe"即可打开软件。软件启动后，进入到软件的主界面，通过向导界面可以建立所需的工程，单击新建向导后，弹出界面，如图 6-8 所示。

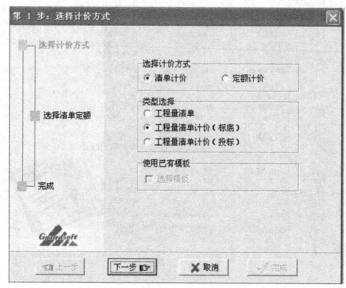

图 6-8　新建向导

计价方式选择：GBQ 提供清单计价和定额计价两种方式。类型选择可选择清单编制、标底编制、投标报价三种模式。单击"下一步"选择清单定额，如图 6-9 所示。

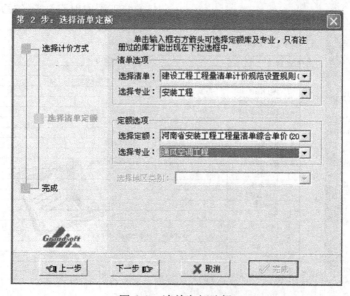

图 6-9　清单定额选择

设置好各个选项后，单击"下一步"，弹出界面，如图 6-10 所示，输入工程名称，单击"完成"即可建立一份新工程文件。

新建工程完成后，进入到软件的主界面，单击工程概况，鼠标右键键入相关信息，如图 6-11 所示。

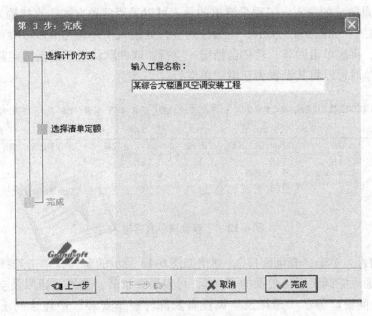

图 6-10　输入新建工程名称

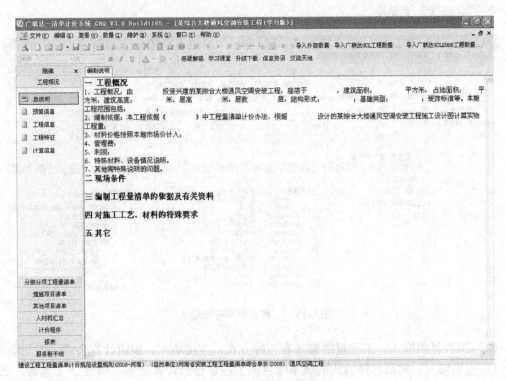

图 6-11　工程概况界面

工程概况中需要对工程进行总说明，输入预算相关信息、工程相关信息、工程特征描述。计算信息仅仅是在工程量清单计价（标底）、工程量清单计价（投标）中显示工程的总造价，人工费、材料费、机械费等信息无法进行修改。

2. 分部分项工程量清单编制

（1）工程量清单的录入　工程量清单的录入可以采用两种方式：直接输入和查询输入。

1）直接输入：如图 6-12 所示，在编号列空行处输入清单编号 030901004，单击回车切换到工程量列，再次单击回车，软件会新增一空行，软件默认情况是新增定额子目空行，在编制工程量清单时可以将其设置为新增清单空行。

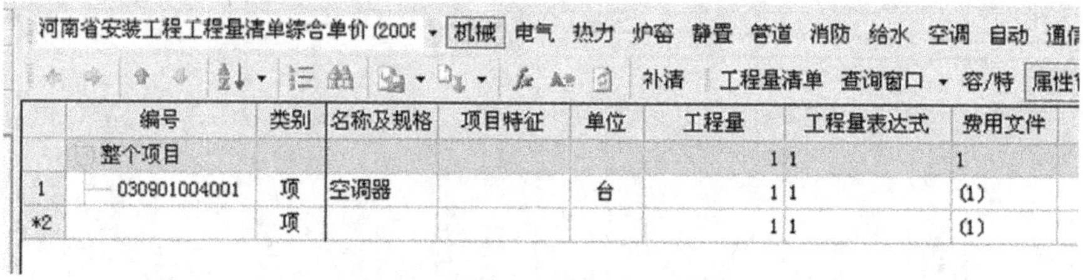

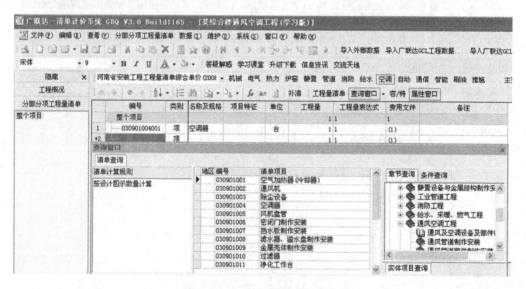

图 6-12　工程量清单直接输入

2）查询输入。单击"查询窗口"，弹出如图 6-13 所示的窗口，单击选择相应的章节名称，如单击"通风空调工程"前面的"＋"，可以展开章节，选择"通风及空调设备及部件制作安装"，中间窗口显示"通风及空调设备及部件制作安装"中包含的清单项目；选择030901004 空调器，双击鼠标左键，在"通风及空调设备及部件制作安装"清单项下就添加了一条"空调器"清单项。

图 6-13　工程量清单查询输入

（2）工程量的输入　工程量的输入有三种方式：直接输入、编辑计算公式、图元输入。

1）直接输入。如果已经输入的清单项目的工程量已经计算出来，则在"工程量"或者"工程量表达式"列中直接输入清单项的工程量即可，如图 6-14 所示。

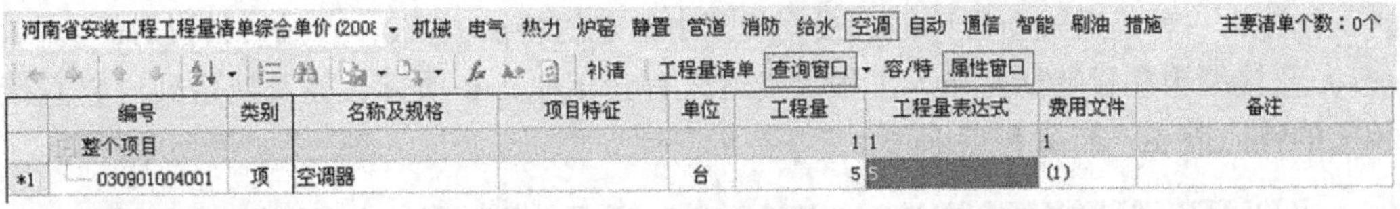

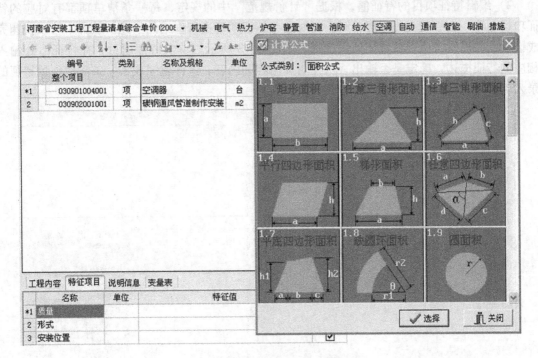

图 6-14 工程量直接输入

2）编辑计算公式。如果某些工程量没有计算出来，或者有多个相同清单项的工程量需要合并，则可以采用"编辑计算公式"来输入工程量。在已输入清单项的"工程量表达式"列点击鼠标左键，直接输入表达式，如图 6-15 所示。

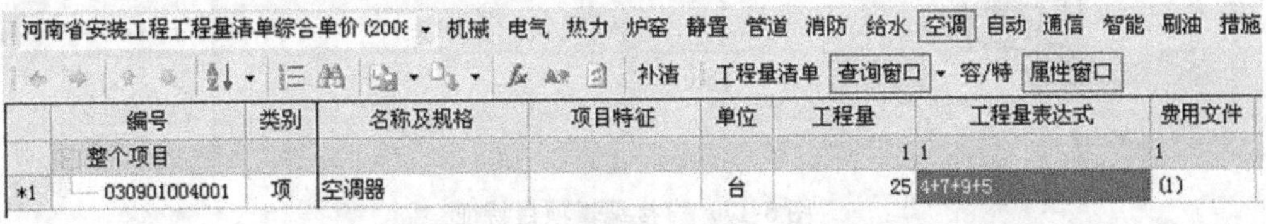

图 6-15 编辑计算公式输入工程量

3）图元输入。如果某些工程量是计算图形的面积、体积或周长，可以使用软件提供的图元输入来计算工程量。在工具条中单击 f_x ，弹出图元选择对话框，如图 6-16 所示。

图 6-16 图元输入计算工程量

（3）编辑项目特征　编辑项目特征的目的一是方便投标人投标报价时能够报出一个合理的综合单价，二是避免因为项目特征描述不清楚导致招标方和投标方对项目的理解发生歧义，尽量避免结算过程中的经济纠纷。项目特征的描述有两种方式，一种是在清单名称后直接进行描述，一种是通过项目特征，根据规范中给定的特征项目，一一进行特征描述。

1）直接编辑项目特征与输入工程量表达式有些相似，在项目名称及规格列可以直接输入相应的特征描述，如图6-17所示。

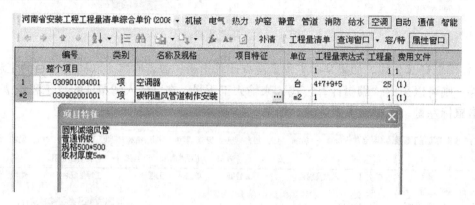

图6-17　直接编辑项目特征

在清单项"030902001001"的名称及规格列单击鼠标左键，单击 ⋯。

在弹出的对话框中输入"圆形渐缩风管、普通钢板、规格500 * 500、板材厚度5mm"。

单击"确定"按钮完成项目特征的描述。

2）编辑特征项目的特征值，根据"计价规范"中的规定，每一条清单项都有对应的特征项目名称，在编制工程量清单时，要对这些特征项目进行详细的描述。软件中可以快速完成设置，并提供常用项目特征值供选择，如图6-18所示。单击特征项目，在特征值处输入相应的特征描述，确定是否输出，选择附加内容并刷新。这样就完成了一条清单项目特征的录入。

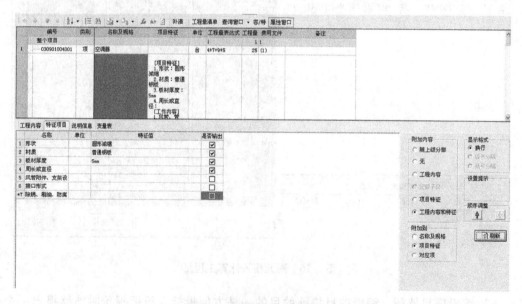

图6-18　编辑特征项目特征值

（4）清单分部整理　清单项及项目特征输入完毕后，可以对已经输入的清单项目进行分部整理。单击分部整理按钮 ，弹出分部整理选项，如图 6-19 所示。

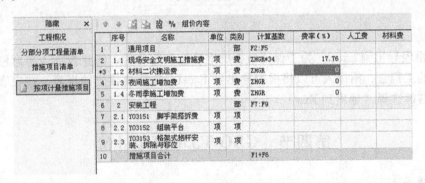

图 6-19　分部整理

3. 措施项目清单编制

对措施项目清单的编制包括输入取费基数和费率，添加、删除或修改措施项目，如图 6-20 所示。

序号	名称	单位	类别	计算基数	费率（%）	人工费	材料费
1　1	通用项目		部	F2:F5			
2　1.1	现场安全文明施工措施费	项	费	ZHGR*34	17.76		
*3　1.2	材料二次搬运费	项	费	ZHGR	0		
4　1.3	夜间施工增加费	项	费	ZHGR	0		
5　1.4	冬雨季施工增加费	项	费	ZHGR	0		
6　2	安装工程		部	F7:F9			
7　2.1	Y03151　脚手架搭拆费	项	项				
8　2.2	Y03152　组装平台	项	项				
9　2.3	Y03153　格架式抱杆安装、拆除与移位	项	项				
10	措施项目合计			F1+F6			

图 6-20　措施项目清单

4. 其他项目清单编制

招标方在提供工程量清单的同时，如果还有其他的项目需要投标方协助完成或者报价，则在其他项目清单中描述。其他项目中包括招标方和投标方两部分，编制工程量清单时只处理招标方的即可。招标方要处理的主要有：预留金和材料购置费，如果有零星工作，还要提供零星工作表，如图 6-21 所示。

5. 报表输出

（1）自动适应纸张大小　在修改了报表样式或者增加了报表内容时，报表的内容在一页上显示不全，而报表要求出在一页纸上，这时就可以使用自动适应纸张大小功能。选择相应的报表，单击鼠标右键，选择"自动适应纸张大小"即可将报表内容显示在一张表上。也可以把设计好的报表存档以方便下次调用，单击如图 6-22 所示的"报表存档"就可以完成报表的保存。

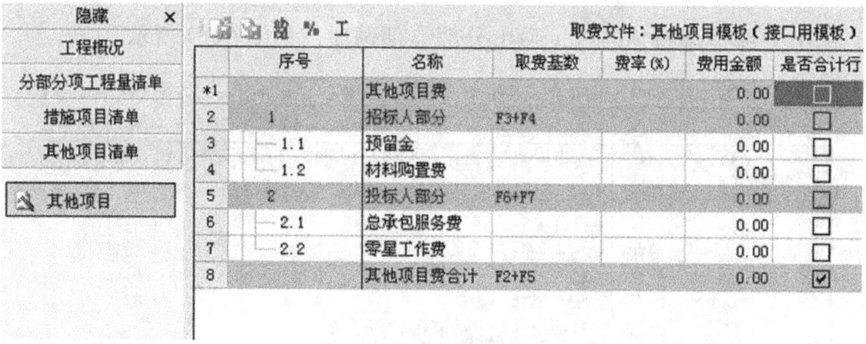

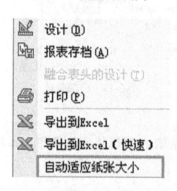

图 6-21　其他项目清单

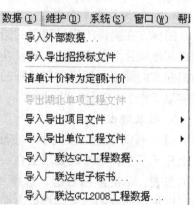

图 6-22　报表存档

（2）报表导出到 Excel　为了保证数据的准确性和符合性，防止投标人恶意修改工程量清单项目的工程量，招标人可以将报表导出到 Excel。选择要导出的报表，在报表预览窗口单击鼠标右键选择"导出到 Excel"。

第四节　GBQ V3. 0 清单计价

1. 清单导入

在实际工程中，如果招标方发的招标文件是 Microsoft Excel 编制的清单文件，可以通过软件将 Excel 导入到计价软件中。单击数据导入工具条上的 导入外部数据 按钮，或者单击"数据"→"导入外部数据"，如图 6-23 所示。选择后弹出如图 6-24 所示的窗口。

1）选择可以导入的数据类型，如 Excel。

2）单击"浏览"找到文件所在的目录，选择 Excel 清单表格。

3）设置 Excel 表中数据列与软件中数据列的对应关系，主要确定编号、名称、单位、工程量。

4）选择表格中多余的行，单击鼠标右键选择删除，删除多余的行。

图 6-23　导入外部数据

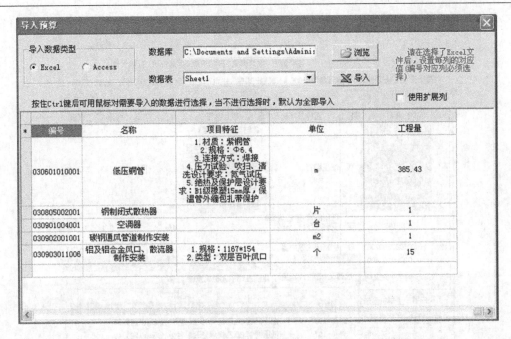

图 6-24　导入外部 Excel 数据

5）设置好后，直接单击"导入"即可把当前表格中的数据导入到软件中。

2. 分部分项工程量清单计价

（1）对工程量清单进行组价有 3 种方式：

1）根据项目特征描述，直接输入定额子目：适用于清单项目特征描述较详细，且较熟悉定额子目的情况。选择要组价的清单项，单击鼠标右键选择插入子项，在插入的空白行的编号列直接输入定额编号，输入工程量或表达式，单击回车确认。

2）查询定额库输入定额组价。单击"查询窗口"→"定额查询"，选择要组价的清单项，双击定额子目，输入工程量即可。

3）查询指引项目输入组价。选择要组价的清单项，单击指引项目按钮，弹出如图 6-25 所示的对话框，双击要选用的子目。

（2）子目换算

1）标准换算。选择需要换算的子目 9-73。

单击标准换算，选择所需选项。

单击确定，类别由"定"变为"换"，则说明换算成功，如图 6-26 所示。

2）直接换算。当需要修改子目下人材机的消耗量或者修改名称时，可直接换算，如图 6-27 所示。

单击子目 8-719 前的"＋"号，展开子目的人材机，选择要换算的材料水泥。

单击工具栏中的查询窗口人材机查询，选择替换水泥的其他材料并改变消耗量。

3）人材机乘以系数换算。例如：成品镀锌风管安装时，子目 9-73 需要人材机换算。可在输入定额子目编号时，后面直接跟着输入换算信息即可。人工用 R 表示，材料用 C 表示，机械用 J 表示。输入时，在 9-73 空格后输入"R×0.4，C×0.05，J×0.05"，如图 6-28 所示。

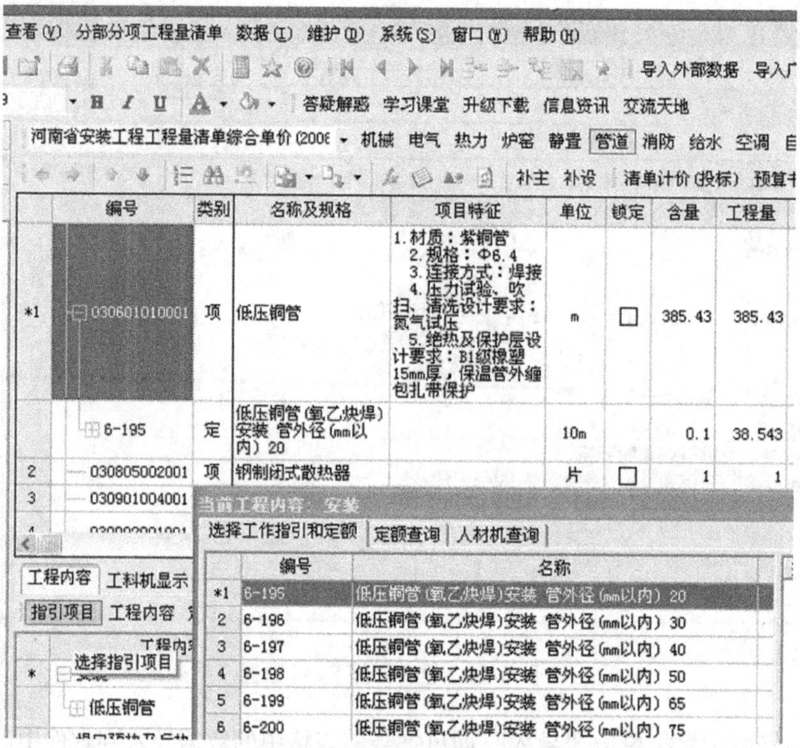

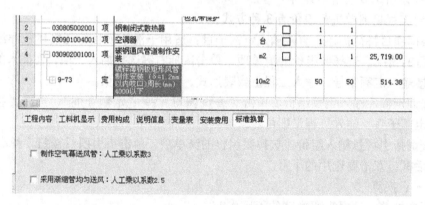

图 6-25　查询指引子目

图 6-26　标准换算

3. 措施项目清单计价

措施项目的组价有三种方式：普通费用组价、定额组价、实物量组价。

普通费用组价在软件类别显示为"费"，对于这类费用，可以直接输入费用金额或者采用费用代码×系数的方式得到措施费的金额。如果把这一部分费用分摊到材料机械中，单击措施项目，单击"组价内容"，在弹出的对话框中分配比例即可，如图 6-29 所示。

4. 其他项目清单计价

其他项目清单包括招标方和投标方两部分内容，投标人在投标报价时，对于招标方内容，招标方已经录好了；对于投标方部分，投标人需要根据投标方的实际情况和招标方提供的资料进行报价。

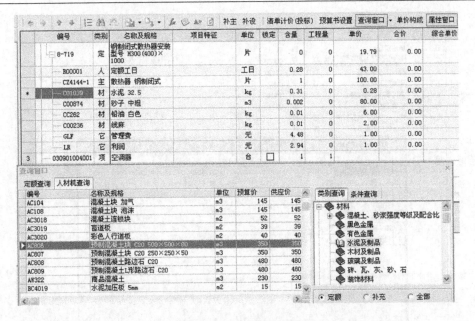

图 6-27　直接换算

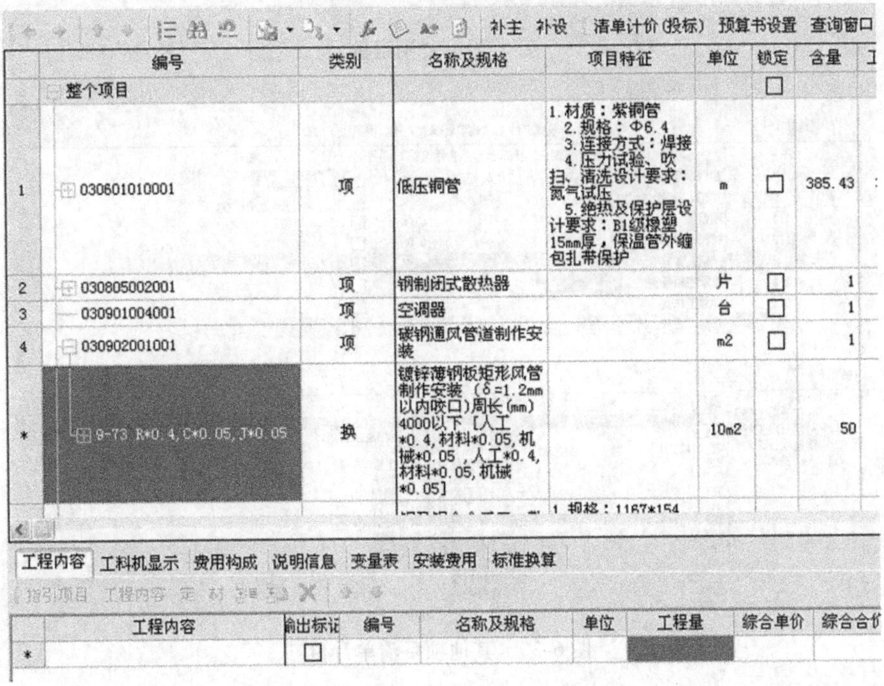

图 6-28　换算系数调整

（1）总承包服务费　当投标方对整个项目进行投标报价并且进行分包时，才计取总承包服务费。例如，选中总承包服务费的取费基数行，单击菜单栏上的 ![icon] 费用代码费基数选择"ZJF"，费率输入5，如图6-30所示。

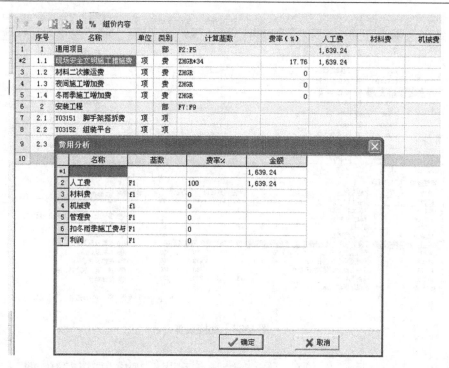

图 6-29　费用组价

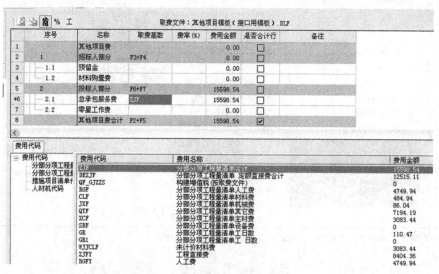

图 6-30　其他项目清单计价

（2）零星工作项目　招标提供有零星工作费表时，投标人才能对此进行报价；若招标人没有提供，则投标人在投标报价时不需填写。

5. 人材机调整及造价调整

（1）市场价批量乘系数调整　步骤如下：

1）选中市场价要调整系数的材料。

2）把不需要调整市场价的材料市场价锁定列的方框中打上对勾。

3）单击市场价系数调整按钮或者单击鼠标右键。

4）在弹出的对话框中输入要调整的系数1.2，如图6-31所示。

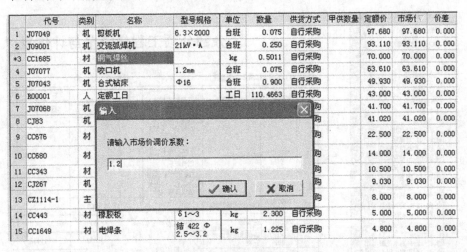

图6-31　市场价系数调整

（2）工程造价调整　投标报价时，除了对材料的市场价调整和相关费率的调整外，还可以对工程总造价进行调整，单击菜单栏中"分部分项工程量清单"，选择工程造价调整。在弹出的界面中可以设置工程造价的调整系数等，如图6-32所示。特别需注意：工程造价调整后，无法恢复，因此在进行工程造价调整前建议进行工程备份。如果调整后要放弃调整，则可以打开备份的工程。

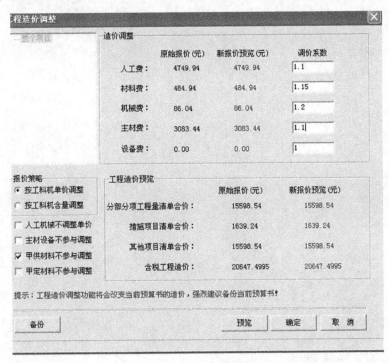

图6-32　工程造价调整

6. 报表输出

报表的基本操作同编制工程量清单时的报表操作，如图 6-33 所示。

图 6-33　报表输出

附　　录

附录A　国标通风部件标准质量表

（单位：mm）

（一）

名称	带调节板活动百叶风口		单层百叶风口		双层百叶风口		三层百叶风口	
图号	T202—1		T202—2		T202—2		T202—3	
序号	尺　寸 $A \times B$	kg/个	尺　寸 $A \times B$	kg/个	尺　寸 $A \times B$	kg/个	尺　寸 $A \times B$	kg/个
1	300×150	1.45	200×150	0.88	200×150	1.73	250×180	3.66
2	350×175	1.79	300×150	1.19	300×150	2.52	290×180	4.22
3	450×225	2.47	300×185	1.40	300×185	2.85	330×210	5.14
4	500×250	2.94	330×240	1.70	330×240	3.48	370×210	5.84
5	600×300	3.60	400×240	1.94	400×240	4.46	410×250	6.41
6	—	—	470×285	2.48	470×285	5.66	450×280	8.01
7	—	—	530×330	3.05	530×330	7.22	490×320	9.04
8	—	—	550×375	3.59	550×375	8.01	570×320	10.10

（二）

名称	连动百叶风口		矩形送风口		矩形空气分布器		地上矩形空气分布器	
图号	T202—4		T203		T206—1		T206—2	
序号	尺　寸 $A \times B$	kg/个	尺　寸 $C \times H$	kg/个	尺　寸 $A \times B$	kg/个	尺　寸 $A \times B$	kg/个
1	200×150	1.49	60×52	2.22	300×150	4.95	300×150	8.72
2	250×195	1.88	80×69	2.84	400×200	6.61	400×200	12.51
3	300×195	2.06	100×87	3.36	500×250	10.32	500×250	14.44
4	300×240	2.35	120×104	4.46	600×300	12.42	600×300	22.19
5	350×240	2.55	140×121	5.40	700×350	17.71	700×350	27.17
6	350×285	2.83	160×139	6.29	—	—	—	—
7	400×330	3.52	180×156	7.36	—	—	—	—
8	500×330	4.07	200×173	8.65	—	—	—	—
9	500×375	4.50	—	—	—	—	—	—

（续）

（三）

名称	风管插板式送吸风口				旋转吹风口		地上旋转吹风口	
图号	矩形 T208—1		圆形 T208—2		T209—1		T209—2	
序号	尺 寸 $B \times C$	kg/个	尺 寸 $B \times C$	kg/个	尺 寸 $D = A$	kg/个	尺 寸 $D = A$	kg/个
1	200×120	0.88	160×80	0.62	250	10.09	250	13.20
2	240×160	1.20	180×90	0.68	280	11.76	280	15.49
3	320×240	1.95	200×100	0.79	320	14.67	320	18.92
4	400×320	2.96	220×110	0.90	360	17.86	360	22.82
5	—	—	240×120	1.01	400	20.68	400	26.25
6	—	—	280×140	1.27	450	25.21	450	31.77
7	—	—	320×160	1.50	—	—	—	—
8	—	—	360×180	1.79	—	—	—	—
9	—	—	400×200	2.10	—	—	—	—
10	—	—	440×220	2.39	—	—	—	—
11	—	—	500×250	2.94	—	—	—	—
12	—	—	560×280	3.53	—	—	—	—

（四）

名称	圆形直片散流器		方形直片散流器		流线形散流器	
图号	CT211—1		CT211—2		T211—4	
序号	尺 寸 ϕ	kg/个	尺 寸 $A \times A$	kg/个	尺 寸 d	kg/个
1	120	3.01	120×120	2.34	160	3.97
2	140	3.29	160×160	2.73	200	5.45
3	180	4.39	200×200	3.91	250	7.94
4	220	5.02	250×250	5.29	320	10.28
5	250	5.54	320×320	7.43	—	—
6	280	7.42	400×400	8.89	—	—
7	320	8.22	500×500	12.23	—	—
8	360	9.04	—	—	—	—
9	400	10.88	—	—	—	—
10	450	11.98	—	—	—	—
11	500	13.07	—	—	—	—

（续）

（五）

名称	单面送吸风口				网双面送口吸风			
图号	Ⅰ型 T212—1		Ⅱ型 T212—1		Ⅰ型 T212—2		Ⅱ型 T212—2	
序号	尺　寸 $A \times A$	kg/个	尺　寸 D	kg/个	尺　寸 $A \times A$	kg/个	尺　寸 D	kg/个
1	100×100		100	1.37	100×100		100	1.54
2	120×120	2.01	120	1.85	120×120	2.07	120	1.97
3	140×140		140	2.23	140×140		140	2.32
4	160×160	2.93	160	2.68	160×160	2.75	160	2.76
5	180×180		180	3.14	180×180		180	3.20
6	200×200	4.01	200	3.73	200×200	3.63	200	3.65
7	220×220		220	5.51	220×220		220	5.17
8	250×250	7.12	250	6.68	250×250	5.83	250	6.18
9	280×280		280	8.08	280×280		280	7.42
10	320×320	10.84	320	10.27	320×320	8.20	320	9.06
11	360×360		360	12.52	360×360		360	10.74
12	400×400	15.68	400	14.93	400×400	11.19	400	12.81
13	450×450		450	18.20	450×450		450	15.26
14	500×500	23.08	500	22.01	500×500	15.50	500	18.36

（六）

名称	活动算板式风口		网　式　风　口				加热器上通阀	
图号	T261		三面 T262		矩形 T262		T101—1	
序号	尺　寸 $A \times B$	kg/个	尺　寸 $A \times B$	kg/个	尺　寸 $A \times B$	kg/个	尺　寸 $A \times B$	kg/个
1	235×200	1.06	250×200	5.27	200×150	0.56	650×250	13.00
2	325×200	1.39	300×200	5.95	250×200	0.73	1200×250	19.68
3	415×200	1.73	400×200	7.95	350×250	0.99	1100×300	19.71
4	415×250	1.97	500×250	10.97	450×300	1.27	1800×300	25.87
5	505×250	2.36	600×250	13.03	550×350	1.81	1200×400	23.16
6	595×250	2.71	620×300	14.19	600×400	2.05	1600×400	28.19
7	535×300	2.80	—	—	700×450	2.44	1800×400	33.78
8	655×400	3.35	—	—	800×500	2.83	—	—
9	775×400	3.70	—	—	—	—	—	—
10	655×400	4.08	—	—	—	—	—	—
11	775×400	4.75	—	—	—	—	—	—
12	895×400	5.42	—	—	—	—	—	—

（续）

（七）

名称	加热器旁通阀							
图号	T101—2							

序号	尺寸 SRZ	kg/个	尺寸 SRZ	kg/个	尺寸 SRZ	kg/个	尺寸 SRZ	kg/个
1	D 5×5Z X	1型 11.32	D 10×6Z X	1型 18.14	D 10×7Z X	1型 18.14	D 15×10Z X	1型 25.09
2		2型 13.98		2型 22.45		2型 22.45		2型 31.70
3		3型 14.72		3型 22.73		3型 22.91		3型 30.74
4		4型 18.20		4型 27.99		4型 27.99		4型 37.81
5	D 10×5Z X	1型 18.14	D 15×6Z X	1型 25.09	D 15×7Z X	1型 25.09	D 17×10Z X	1型 28.65
6		2型 22.45		2型 31.7		2型 31.70		2型 35.97
7		3型 22.73		3型 30.74		3型 30.74		3型 35.10
8		4型 27.99		4型 37.81		4型 37.81		4型 42.86
9	D 6×6Z X	1型 12.42	D 7×7Z X	1型 13.95	D 17×7Z X	1型 28.65	D 12×6Z X	1型 21.46
10		2型 15.62		2型 17.48		2型 35.97		2型 26.73
11		3型 16.21		3型 17.95		3型 35.10		3型 26.61
12		4型 20.08		4型 22.07		4型 42.96		4型 32.61

（八）

名称	圆形瓣式启动阀				圆形蝶阀（拉链式）			
图号	T301—5				非保温 T302—1		保温 T302—2	

序号	尺寸 ϕA_1	kg/个	尺寸 ϕA_1	kg/个	尺寸 D	kg/个	尺寸 D	kg/个
1	400	15.06	900	54.80	200	3.63	200	3.85
2	420	16.02	910	53.25	220	3.93	220	4.17
3	459	17.59	1000	63.93	250	4.40	250	4.67
4	455	17.37	1040	65.48	280	4.90	280	5.22
5	500	20.32	1170	72.57	320	5.78	230	5.92
6	520	20.31	1200	82.68	360	6.53	360	6.68
7	550	22.23	1250	86.50	400	7.34	400	7.55
8	585	22.94	1300	89.16	450	8.37	450	8.51
9	600	29.67	—	—	500	13.22	500	11.32
10	620	28.35	—	—	560	16.07	560	13.78
11	650	30.21	—	—	630	18.55	630	15.65
12	715	35.37	—	—	700	22.54	700	19.32
13	750	38.29	—	—	800	26.62	800	22.49
14	780	41.55	—	—	900	32.91	900	28.12
15	800	42.38	—	—	1000	37.66	1000	31.77
16	840	43.21	—	—	1120	45.21	1120	38.42

（续）

（九）

名称	方形蝶阀（拉链式）				矩形蝶阀（拉链式）					
图号	非保温 T302—3		保温 T302—4		非保温 T302—5				保温 T302—6	
序号	尺寸 $A \times A$	kg/个	尺寸 $A \times A$	kg/个	尺寸 $A \times B$	kg/个	尺寸 $A \times B$	kg/个	尺寸 $A \times B$	kg/个	尺寸 $A \times B$	kg/个
1	120×120	3.04	120×120	3.20	200×250	5.17	320×630	17.44	200×250	5.33	320×630	15.55
2	160×160	3.78	160×160	3.97	200×320	5.85	320×800	22.43	200×320	6.03	320×800	20.07
3	200×200	4.54	200×200	4.78	200×400	6.68	400×500	15.74	200×400	6.87	400×500	13.95
4	250×250	5.68	250×250	5.86	200×500	9.74	400×630	19.27	200×500	9.96	400×630	17.09
5	320×320	7.25	320×320	7.44	250×320	6.45	400×800	24.58	250×320	6.64	400×800	21.91
6	400×400	10.07	400×400	10.28	250×400	7.31	500×630	21.56	250×400	7.51	500×630	18.97
7	500×500	19.14	500×500	16.70	250×500	10.58	500×800	27.40	250×500	10.81	500×800	24.20
8	630×630	27.08	630×630	23.63	250×630	13.29	630×800	30.87	250×630	13.53	630×800	27.12
9	800×800	37.75	800×800	32.67	320×400	12.46	—	—	320×400	11.19		
10	1000×1000	49.55	1000×1000	42.42	320×500	14.13			320×500	12.64		

（十）

名称	钢　制　蝶　阀　（手　柄　式）									
图号	圆形 T302—7				方形 T302—8		矩形 T302—9			
序号	尺寸 D	kg/个	尺寸 D	kg/个	尺寸 $A \times A$	kg/个	尺寸 $A \times B$	kg/个	尺寸 $A \times B$	kg/个
1	100	1.95	360	7.94	120×120	2.87	200×250	4.98	320×630	17.41
2	120	2.24	400	8.86	160×160	3.61	200×320	5.66	320×800	22.10
3	140	2.52	450	10.65	200×200	4.37	200×400	6.49	400×500	15.41
4	160	2.81	500	13.08	250×250	5.51	200×500	9.55	400×630	18.94
5	180	3.12	560	14.80	320×320	7.08	250×320	6.26	400×800	24.25
6	200	3.43	630	18.51	400×400	9.90	250×400	7.12	500×630	21.23
7	220	3.72	—	—	500×500	17.70	250×500	10.39	500×800	27.07
8	250	4.22	—	—	630×630	25.31	250×630	13.10	630×800	30.54
9	280	6.22	—	—	—	—	320×400	12.13	—	—
10	320	7.06	—	—	—	—	320×500	13.85	—	—

（续）

（十一）

名称	圆形风管止回阀				方形风管止回阀			
图号	垂直式 T303—1		水平式 T303—1		垂直式 T303—2		水平式 T303—2	
序号	尺寸 $A \times B$	kg/个	尺寸 $C \times H$	kg/个	尺寸 $A \times B$	kg/个	尺寸 $A \times B$	kg/个
1	220	5.53	220	5.69	200×200	6.74	200×200	6.73
2	250	6.22	250	6.41	250×250	8.34	250×250	8.37
3	280	6.95	280	7.17	320×320	10.58	320×320	10.70
4	320	7.93	320	8.26	400×400	13.24	400×400	13.43
5	360	8.98	360	9.33	500×500	19.43	500×500	19.81
6	400	9.97	400	10.36	630×630	26.60	630×630	27.72
7	450	11.25	450	11.73	800×800	36.13	800×800	37.33
8	500	13.69	500	14.19	—	—	—	—
9	560	15.42	560	16.14	—	—	—	—
10	630	17.42	630	18.26	—	—	—	—
11	700	20.81	700	21.85	—	—	—	—
12	800	24.12	800	25.68	—	—	—	—
13	900	29.53	900	31.13	—	—	—	—

（十二）

名称	密闭式斜插板阀								矩形风管三通调节阀			
图号	T305								手柄式 T306—1			
序号	尺寸 D	kg/个	尺寸 D	kg/个	尺寸 D	kg/个	尺寸 D	kg/个	尺寸 $H \times L$	kg/个	尺寸 $H \times L$	kg/个
1	80	2.70	145	5.60	210	9.90	275	14.50	120×180	1.69	250×375	2.80
2	85	2.90	150	5.80	215	10.20	280	14.90	160×180	1.87	320×375	3.25
3	90	3.10	155	6.10	220	10.50	285	15.30	200×180	1.98	400×3750	3.74
4	95	3.30	160	6.40	225	10.90	290	15.70	250×180	2.17	500×375	4.37
5	100	3.50	165	6.60	230	11.20	300	16.50	160×240	2.00	630×375	5.22
6	105	3.80	170	6.90	235	11.60	310	17.20	200×240	2.17	820×480	3.70
7	110	3.90	175	7.10	240	11.90	320	18.10	250×240	2.36	400×480	4.30
8	115	4.20	180	7.40	245	12.30	330	19.00	320×240	2.70	500×480	5.06
9	120	4.40	185	7.74	250	12.70	340	19.90	200×300	2.30	630×480	6.04
10	125	4.60	190	8.00	255	13.00	—	—	250×300	2.54	400×600	4.87
11	130	4.80	195	8.30	260	13.30	—	—	320×300	2.95	500×600	5.82
12	135	5.10	200	9.20	265	13.70	—	—	400×300	3.36	630×600	6.98
13	140	5.30	205	9.50	270	14.10	—	—	500×300	3.93	630×750	8.17

（续）

（十三）

名称	手动密闭式对开多叶阀							
图号	T308—1							
序号	尺 寸 $A \times B$	kg/个	尺 寸 $A \times B$	kg/个	尺 寸 $A \times B$	kg/个	尺 寸 $A \times B$	kg/个
1	160×320	8.90	400×400	13.10	100×500	25.90	1250×800	52.10
2	200×320	9.30	500×400	14.20	1250×500	31.60	1600×800	65.40
3	250×320	9.80	630×400	16.50	1600×500	50.80	2000×800	75.50
4	320×320	10.50	800×400	19.10	250×630	16.10	1000×1000	51.10
5	400×320	11.70	1000×400	22.40	630×630	22.80	1250×1000	61.40
6	500×320	12.70	1250×400	27.40	800×630	33.10	1600×1000	76.80
7	630×320	14.70	200×500	12.80	1000×630	37.90	2000×1000	88.10
8	800×320	17.30	250×500	13.40	1250×630	45.50	1600×1250	90.40
9	1000×320	20.20	500×500	16.70	1600×630	57.70	2000×1250	103.20
10	200×400	10.60	630×500	19.30	800×800	37.90	—	—
11	250×400	11.10	800×500	22.40	1000×800	43.10	—	—

（十四）

名称	手动对开式多叶阀							
图号	T308—2							
序号	尺 寸 $A \times B$	kg/个	尺 寸 $A \times B$	kg/个	尺 寸 $A \times B$	kg/个	尺 寸 $A \times B$	kg/个
1	320×160	5.51	400×1000	15.42	630×250	9.80	800×1600	31.54
2	320×200	5.87	400×1250	18.05	630×320	10.57	800×2000	48.38
3	320×250	6.29	500×200	7.85	630×400	11.51	1000×800	23.91
4	320×320	6.90	500×250	8.27	630×500	12.63	1000×1000	28.31
5	320×800	10.99	500×320	9.02	630×630	14.07	1000×1250	30.17
6	320×1000	14.52	500×400	9.84	630×800	16.12	1000×1500	38.16
7	400×200	6.64	500×500	10.84	630×1000	19.83	1000×2000	57.73
8	400×250	7.13	500×800	13.98	630×1250	23.08	1250×1600	44.57
9	400×320	7.73	500×1000	17.45	630×1600	27.55	1250×2000	67.47
10	400×400	8.46	500×1250	20.27	800×800	18.86	1600×1600	52.45
11	400×800	12.17	500×1600	24.39	800×1250	26.50	1600×2000	18.23

（续）

（十五）

名称	风 管 防 火 阀				上吸式侧吸罩			下吸式侧吸罩		
图号	圆形 T356—1		矩形 T356—2		T401—1			T401—2		
序号	尺 寸 D	kg/个	尺 寸 D	kg/个	尺 寸 A×φ		kg/个	尺 寸 A×φ		kg/个
1	360～560	5.11	320～500	5.42	600×220	Ⅰ型	21.73	600×220	Ⅰ型	29.31
2	630～1000	6.59	630～800	8.24		Ⅱ型	25.35		Ⅱ型	31.03
3	1120～1600	12.65	100 以上	11.74	750×250	Ⅰ型	24.50	750×250	Ⅰ型	32.65
4	—	—	—	—		Ⅱ型	28.09		Ⅱ型	34.35
5	—	—	—	—	900×280	Ⅰ型	27.12	900×280	Ⅰ型	35.95
6	—	—	—	—		Ⅱ型	30.67		Ⅱ型	37.64

（十六）

名称	LWP 滤尘器支架			LWP 滤尘器安装（框架）				风机减振台座	
图号	T521—1、5			（立式、匣式）T521—2		（人字式）T521—3		CG327	
序号	尺 寸		kg/个	尺 寸 A×H	kg/个	尺 寸 A×H	kg/个	尺 寸	kg/个
1	清洗槽		53.11	528×588	8.99	1400×1100	49.25	2.8A	25.20
2	油槽		33.70	528×1111	12.90	2100×1100	73.71	3.2A	28.60
3	晾干架	Ⅰ型	59.02	528×1634	16.12	2800×110	98.38	3.6A	30.40
4		Ⅱ型	83.95	528×2157	19.35	1400×1633	62.04	4A	34.00
5		Ⅲ型	105.32	1051×1111	22.03	2100×1633	92.85	4.5A	39.60
6	—		—	1051×1634	26.70	2800×1633	123.81	5A	47.80
7	—		—	1051×2157	31.32	1400×2156	73.57	6C	211.10
8	—		—	1574×1634	33.01	2100×2156	110.14	6D	188.80
9	—		—	1574×2157	37.64	2800×2156	145.90	8C	291.30
10	—		—	2108×2157	57.47	3500×2156	183.45	8D	310.10
11	—		—	2642×2157	78.79	3500×2679	215.33	10C	399.50
12	—		—	—	—	—	—	10D	310.10
13	—		—	—	—	—	—	12C	600.30
14	—		—	—	—	—	—	12D	415.70
15	—		—	—	—	—	—	16B	693.50

（续）

（十七）

名称	滤水器及溢水盘			风管检查孔		圆伞形风帽		锥形风帽	
图号	T704—11			T604		T609		T610	
序号	尺　寸		kg/个	尺　寸 $B \times D$	kg/个	尺　寸 D	kg/个	尺　寸 D	kg/个
1	滤	70 Ⅰ 型	11.11	190×130	2.04	200	3.17	200	11.23
2	水	100 Ⅱ 型	13.68	240×180	2.71	220	3.59	220	12.86
3	器	150 Ⅲ 型	17.56	340×290	4.20	250	4.28	250	15.17
4	溢	150 Ⅰ 型	14.76	490×430	6.55	280	5.09	280	17.93
5	水	200 Ⅱ 型	21.69	—	—	320	6.27	320	21.96
6	盘	250 Ⅲ 型	26.79	—	—	360	7.66	360	26.28
7	—			—	—	400	9.03	400	31.27
8	—			—	—	450	11.79	450	40.71
9	—			—	—	500	13.97	500	48.26
10	—			—	—	560	16.92	560	58.63
11	—			—	—	630	21.32	630	73.09
12	—			—	—	700	25.54	700	87.68
13	—			—	—	800	40.83	800	114.77
14	—			—	—	900	50.55	900	142.56
15	—			—	—	1000	60.62	1000	172.05
16	—			—	—	1120	75.51	1120	212.98
17	—			—	—	1250	92.40	1250	260.51

（十八）

名称	筒形风帽		筒形风帽滴水盘		片式消声器		矿棉管式消声器	
图号	T611		T611—1		T701—1		T701—2	
序号	尺　寸 D	kg/个	尺　寸 D	kg/个	尺　寸 A	kg/个	尺　寸 $A \times B$	kg/个
1	200	8.93	200	4.16	900	972	320×320	32.98
2	280	14.74	280	5.66	1300	1365	320×420	38.91
3	400	26.54	400	4.14	1700	1758	320×520	44.88
4	500	53.68	500	12.97	2500	2544	370×370	38.91
5	630	78.75	630	16.03	—	—	370×495	46.50
6	700	94.00	700	18.48	—	—	370×620	53.91
7	800	103.75	800	26.24	—	—	420×420	44.89
8	900	159.54	900	29.64	—	—	420×570	53.91
9	1000	191.33	1000	33.33	—	—	420×720	62.88

（续）

（十九）

名称	聚酯泡沫管式消声器		卡普隆管式消声器		弧形声流式消声器		阻抗复合式消声器	
图号	T701—3		T701—4		T701—5		T701—6	
序号	尺　寸 $A \times B$	kg/个	尺　寸 $A \times B$	kg/个	尺　寸 $A \times B$	kg/个	尺　寸 $A \times B$	kg/个
1	300×300	17	360×360	23.44	800×800	629	800×500	82.68
2	300×400	20	360×460	32.93	1200×800	874	800×600	96.08
3	300×500	23	360×560	37.83	—	—	1000×600	120.56
4	350×350	20	410×410	32.93	—	—	1000×800	134.62
5	350×475	23	410×535	39.04	—	—	1200×800	111.20
6	350×600	27	410×660	45.01	—	—	1200×1000	124.19
7	400×400	23	460×460	37.83	—	—	1500×1000	155.10
8	400×550	27	460×610	45.01	—	—	1500×1400	214.82
9	400×700	31	460×760	52.10	—	—	1800×1330	252.54
10	—	—	—	—	—	—	2000×1500	347.65

（二十）

名称	塑　料　空　气　分　布　器				塑　料　空　气　分　布　器			
图号	（网板式）T231—1		（活动百叶）T231—1		（矩　形）T231—2		（圆　形）T234—3	
序号	尺　寸 $A_1 \times H$	kg/个	尺　寸 $A_1 \times H$	kg/个	尺　寸 $A \times H$	kg/个	尺　寸 D	kg/个
1	250×385	1.90	250×385	2.79	300×450	2.89	160	2.62
2	300×480	2.52	300×480	4.19	400×600	4.54	200	3.09
3	350×580	3.33	350×580	5.62	500×710	6.84	250	5.26
4	450×770	6.15	450×770	11.10	600×900	10.33	320	7.29
5	500×870	7.64	500×870	14.16	700×1000	12.91	400	12.04
6	550×965	8.92	550×965	16.47	—	—	450	15.47

（续）

（二十一）

名称	塑料直片散流器		塑　料　插　板　式　侧　面　风　口					
图号	T235—1		Ⅰ型（圆形）T236—1		Ⅱ型（方矩）T236—1		Ⅲ型 T236—1	
序号	尺寸 D	kg/个	尺寸 $A \times B$	kg/个	尺寸 $A \times B$	kg/个	尺寸 $A \times B_1$	kg/个
1	160	1.97	160×160	0.33	200×120	0.42	360×188	1.93
2	200	2.62	180×900	0.37	240×160	0.54	400×208	2.22
3	250	3.41	200×100	0.41	320×140	1.03	440×228	2.51
4	320	4.46	220×110	0.46	400×320	1.64	500×258	2.00
5	400	9.34	240×120	0.51	—	—	560×288	3.53
6	450	10.51	280×140	0.61	—	—	—	—
7	500	11.67	320×160	0.78	—	—	—	—
8	560	13.31	360×180	1.12	—	—	—	—
9	—	—	400×200	1.33	—	—	—	—
10	—	—	440×220	1.52	—	—	—	—
11	—	—	500×250	1.81	—	—	—	—
12	—	—	560×280	2.12	—	—	—	—

（二十二）

名称	塑　料　插　板　阀						塑料风机插板阀	
图号	（圆　形）T353—1				（方　形）T352—2		T351—1	
序号	尺寸 ϕ	kg/个	尺寸 ϕ	kg/个	尺寸 $a \times a$	kg/个	尺寸 D	kg/个
1	100	0.33	495	6.77	130×130	0.43	195	2.01
2	115	0.39	545	7.94	150×150	0.50	228	2.42
3	130	0.46	595	9.10	180×180	0.63	260	2.87
4	140	0.51	—	—	200×200	0.72	292	3.34
5	150	0.56	—	—	210×210	0.78	325	4.99
6	165	0.62	—	—	240×240	0.96	390	6.62
7	195	1.10	—	—	250×250	1.00	455	8.05
8	215	1.23	—	—	280×280	1.18	520	10.11
9	235	1.41	—	—	350×350	3.13	—	—
10	265	1.66	—	—	400×400	3.73	—	—
11	285	1.83	—	—	450×450	4.49	—	—
12	320	3.17	—	—	500×500	6.00	—	—
13	375	3.95	—	—	520×520	6.42	—	—
14	440	5.03	—	—	600×600	7.81	—	—

（续）

（二十三）

名称	塑料蝶阀（手柄式）				塑料蝶阀（拉链式）			
图号	（圆形）T354—1		（方形）T354—1		（圆形）T354—2		（方形）T354—2	
序号	尺寸 D	kg/个	尺寸 $A \times A$	kg/个	尺寸 D	kg/个	尺寸 $A \times A$	kg/个
1	100	0.86	120×120	1.13	200	1.75	200×200	2.13
2	120	0.97	160×160	1.49	220	1.89	250×250	2.78
3	140	1.09	200×200	2.15	250	2.26	320×320	4.36
4	160	1.25	250×250	2.87	280	2.66	400×400	7.09
5	180	1.41	320×320	4.48	320	3.22	500×500	10.72
6	200	1.78	400×400	7.21	360	4.81	630×630	17.40
7	220	1.98	500×500	10.84	400	5.71	—	—
8	250	2.35	—	—	450	7.17	—	—
9	280	2.75	—	—	500	8.54	—	—
10	320	3.31	—	—	560	11.41	—	—
11	360	4.93	—	—	630	13.91	—	—
12	400	5.83	—	—	—	—	—	—
13	450	7.29	—	—	—	—	—	—
14	500	8.66	—	—	—	—	—	—

（二十四）

名称	塑料插板阀				塑料整体槽边罩		塑料分组槽边罩	
图号	（圆形）T355—1		（方形）T355—2		T451—1		T451—1	
序号	尺寸 D	kg/个	尺寸 $A \times A$	kg/个	尺寸 $B \times C$	kg/个	尺寸 $B \times C$	kg/个
1	200	2.85	200×200	3.39	120×500	6.50	300×120	5.00
2	220	3.14	250×250	4.27	150×600	8.11	370×120	5.93
3	250	3.64	320×320	7.51	120×500	8.29	450×120	7.02
4	280	4.83	400×400	11.11	150×600	10.25	550×120	8.13
5	320	6.44	500×500	17.48	200×700	12.14	650×120	9.19
6	360	8.23	630×630	25.59	150×600	12.39	300×140	5.20
7	400	9.12	—	—	200×700	14.44	370×140	6.32
8	450	11.83	—	—	150×600	14.34	450×140	7.14
9	500	15.33	—	—	200×700	17.12	550×140	8.51
10	560	18.64	—	—	200×700	17.15	650×140	9.59
11	630	21.97	—	—	200×700	20.58	300×160	5.47
12	—	—	—	—	—	—	370×160	6.58
13	—	—	—	—	—	—	450×160	7.59
14	—	—	—	—	—	—	550×160	8.88
15	—	—	—	—	—	—	650×160	9.93

（续）

（二十五）

名称	塑料分组罩调节阀		塑料槽边吹风罩		塑料槽边吸风罩			
图号	T451—1		T451—2		T451—2			
序号	尺寸 $B \times C$	kg/个	尺寸 $B \times C$	kg/个	尺寸 $B \times C$	kg/个	尺寸 $B \times C$	kg/个
1	300×120	3.09	300×100	4.41	300×100	4.89	450×120	7.93
2	370×120	3.50	300×120	4.70	300×120	5.68	450×150	9.26
3	450×120	3.96	370×100	5.30	300×150	6.72	450×200	11.15
4	550×120	4.63	370×120	5.63	300×200	8.17	450×300	14.35
5	650×120	5.20	450×100	6.16	300×300	10.64	450×400	17.94
6	300×140	3.25	450×120	6.52	300×400	13.42	450×500	21.86
7	370×140	3.66	550×100	7.23	300×500	16.46	550×100	8.03
8	450×140	4.20	550×120	7.51	370×100	5.92	550×120	9.23
9	550×140	4.82	650×100	8.22	370×120	6.88	550×150	10.79
10	650×140	5.41	650×120	8.64	370×150	8.07	550×200	12.98
11	300×160	3.39	—	—	370×200	9.90	550×300	16.72
12	370×160	3.81	—	—	370×300	12.90	—	—
13	450×160	4.31	—	—	370×400	16.28	—	—
14	550×160	4.99	—	—	370×500	19.92	—	—
15	650×160	5.60	—	—	450×100	6.89	—	—

（二十六）

名称	铝板圆伞形风帽		铝 制 蝶 阀							
图号	T609		圆形 T302—7		方形 T302—8		矩 形 T302—9			
序号	尺寸 D	kg/个	尺寸 D	kg/个	尺寸 $A \times A$	kg/个	尺寸 $A \times B$	kg/个	尺寸 $A \times B$	kg/个
1	200	1.12	100	0.71	120×120	1.04	200×250	1.81	630×800	11.09
2	220	1.27	120	0.81	160×160	1.31	200×320	2.06	—	—
3	250	1.53	140	0.92	200×200	1.59	200×400	2.36	—	—
4	280	1.82	160	1.02	250×250	2.00	200×500	3.47	—	—
5	320	2.25	180	1.13	320×320	2.57	250×320	2.27	—	—
6	360	2.75	200	1.25	400×400	3.59	250×400	2.59	—	—
7	400	3.25	220	1.35	500×500	6.43	250×500	3.77	—	—
8	450	4.22	250	1.53	630×630	9.19	250×630	4.76	—	—
9	500	6.01	280	2.26	—	—	320×400	4.40	—	—
10	560	6.09	320	2.56	—	—	320×500	5.03	—	—
11	630	7.68	360	2.88	—	—	320×630	6.21	—	—
12	700	9.22	400	3.22	—	—	320×800	8.02	—	—
13	800	14.74	450	3.87	—	—	400×500	5.60	—	—
14	900	18.27	500	4.75	—	—	400×630	6.88	—	—
15	1000	21.92	560	5.37	—	—	400×800	8.81	—	—
16	1120	27.33	630	6.72	—	—	500×630	7.71	—	—
17	1250	33.46	—	—	—	—	500×800	9.83	—	—

注：1. 矩形风管三通调节阀不分手柄式与拉杆式，其质量相同。

2. 电动密闭式对开多叶调节阀质量，应在手动式质量的基础上每个加5.5kg。

3. 手动对开式多叶调节阀与电动式质量相同。

4. 风管防火阀不包括阀体质量，阀体质量应按设计图样以实计算。

5. 片式消声器不包括外壳及密闭门质量。

附录B 除尘设备质量表

（单位：mm）

（一）

序号	型号	kg/个	尺寸φ	kg/个	尺寸φ		kg/个	尺寸φ		kg/个
	CLG 多管除尘器 T501		CLS 水膜除尘器 T503		CLT/A 旋风式除尘器 T505					
1	9 管	300	315	83	300	单筒	106	450	三筒	927
2	12 管	400	443	110		双筒	216		四筒	1053
3	16 管	500	570	190	350	单筒	132		六筒	1749
4	—	—	634	227		双筒	280	500	单筒	276
5			730	288		三筒	540		双筒	584
6			793	337		四筒	615		三筒	1160
7			888	398	400	单筒	175		四筒	1320
8			—	—		双筒	358		六筒	2154
9						三筒	688	550	单筒	339
10						四筒	805		双筒	718
11						六筒	1428		三筒	1394
12					450	单筒	213		四筒	1603
13						双筒	449		六筒	2672

（二）

序号	尺寸φ		kg/个	尺寸φ		kg/个	尺寸φ		kg/个	尺寸 L/型号	kg/个
	CLT/A 旋风式除尘器 T505						XLP 旋风除尘器 T513			卧式旋风水膜除尘器 CT531	
1	600	单筒	432	750	单筒	645	300	A 型	52	1420/1	193
2		双筒	887		双筒	1456		B 型	46	1430/2	231
3		三筒	1706		三筒	2708	420	A 型	94	1680/3	310
4		四筒	2059		四筒	3626		B 型	83	檐板脱水 1980/4	405
5		六筒	3524		六筒	5577	540	A 型	151	2285/5	503
6	650	单筒	500	800	单筒	878		B 型	134	2620/6	621
7		双筒	1062		双筒	1915	700	A 型	252	3140/7	969
8		三筒	2050		三筒	3356		B 型	222	3850/8	1224
9		四筒	2609		四筒	4411	820	A 型	346	4155/9	1604
10		六筒	4156		六筒	6462		B 型	309	4740/10	2481
11	700	单筒	564	—		—	940	A 型	450	5320/11	2926
12		双筒	1244	—		—		B 型	397	3150/7	893
13		三筒	2400	—		—	1060	A 型	601	旋风脱水 3820/8	1125
14		四筒	3189	—		—		B 型	498	4235/9	1504
15		六筒	4883	—		—	—		—	4760/10	2264
16	—		—							5200/11	2636

（续）

（三）

名称	CLK 扩散式除尘器		CCJ/A 机组式除尘器		MC 脉冲袋式除尘器	
图号	CT533		CT534		CT536	
序号	尺　寸 D	kg/个	型　号	kg/个	型　号	kg/个
1	150	31	CCJ/A-5	791	24—Ⅰ	904
2	200	49	CCJ/A-7	956	36—Ⅰ	1172
3	250	71	CCJ/A-10	1196	48—Ⅰ	1328
4	300	98	CCJ/A-14	2426	60—Ⅰ	1633
5	350	136	CCJ/A-20	3277	72—Ⅰ	1850
6	400	214	CCJ/A-30	3954	84—Ⅰ	2106
7	450	266	CCJ/A-40	4989	96—Ⅰ	2264
8	500	330	CCJ/A-60	6764	120—Ⅰ	2702
9	600	583	—	—	—	—
10	700	780	—	—	—	—

（四）

名称	XCX 型旋风除尘器		XNX 型旋风式除尘器		XP 型旋风除尘器	
图号	CT537		CT538		CT501	
序号	尺　寸 ϕ	kg/个	尺　寸 ϕ	kg/个	尺　寸 ϕ	kg/个
1	200	20	400	62	200	20
2	300	36	500	95	300	39
3	400	63	600	135	400	66
4	500	97	700	180	500	102
5	600	139	800	230	600	141
6	700	184	900	288	700	193
7	800	234	1000	456	800	250
8	900	292	1100	546	900	307
9	1000	464	1200	646	1000	379
10	1100	555	—	—	—	—
11	1200	653	—	—	—	—
12	1300	761	—	—	—	—

注：1. 除尘器均不包括支架质量。

2. 除尘器中分 X 型、Y 型或Ⅰ型、Ⅱ型者，其质量按同一型号计算，不再细分。

参 考 文 献

[1] 中华人民共和国住房和城乡建设部. GB 50500—2008 建设工程工程量清单计价规范 [S]. 北京：中国计划出版社，2008.

[2] 原机械工业部. GYD—2000 全国统一安装工程预算定额 [S]. 北京：中国计划出版社，2000.

[3] 原机械工业部. GYD$_{GZ}$—201—2000 全国统一安装工程预算工程量计算规则 [S]. 北京：中国计划出版社，2000.

[4] 河北省工程建设造价管理总站. HEBGYD—C01—C12—2008 全国统一安装工程预算定额河北省消耗量定额 [S]. 北京：中国计划出版社，2008.

[5] 李建华. 制冷空调安装工程预算 [M]. 北京：机械工业出版社，2004.

[6] 编委会. 工程量清单计价编制与典型实例应用图解 [M]. 北京：中国建材工业出版社，2005.

[7] 刘庆山. 建筑安装工程预算 [M]. 北京：机械工业出版社，2008.

[8] 陈刚，李惠敏，郑立. 看范例快速学预算 [M]. 北京：机械工业出版社，2009.

[9] 丁云飞，等. 安装工程预算与工程量清单计价 [M]. 北京：化学工业出版社，2005.

[10] 祁巧艳，韩永光. 工程量清单计价 [M]. 北京：北京理工大学出版社，2010.

[11] 周国藩，等. 给排水、暖通、空调、燃气及防腐绝热工程概预算编制典型实例手册 [M]. 北京：机械工业出版社，2001.

[12] 河北省工程建设造价管理总站. HEBGFB—1—2008 河北省建筑、安装、市政、装饰装修工程费用标准 [S]. 北京：中国计划出版社，2008.

[13] 河南省建筑工程标准定额站. 河南省建设工程工程量清单综合单价（2008）[S]. 北京：中国计划出版社，2008.

[14] 张丽萍. 建设工程计价基础 [M]. 北京：中国计划出版社，2003.

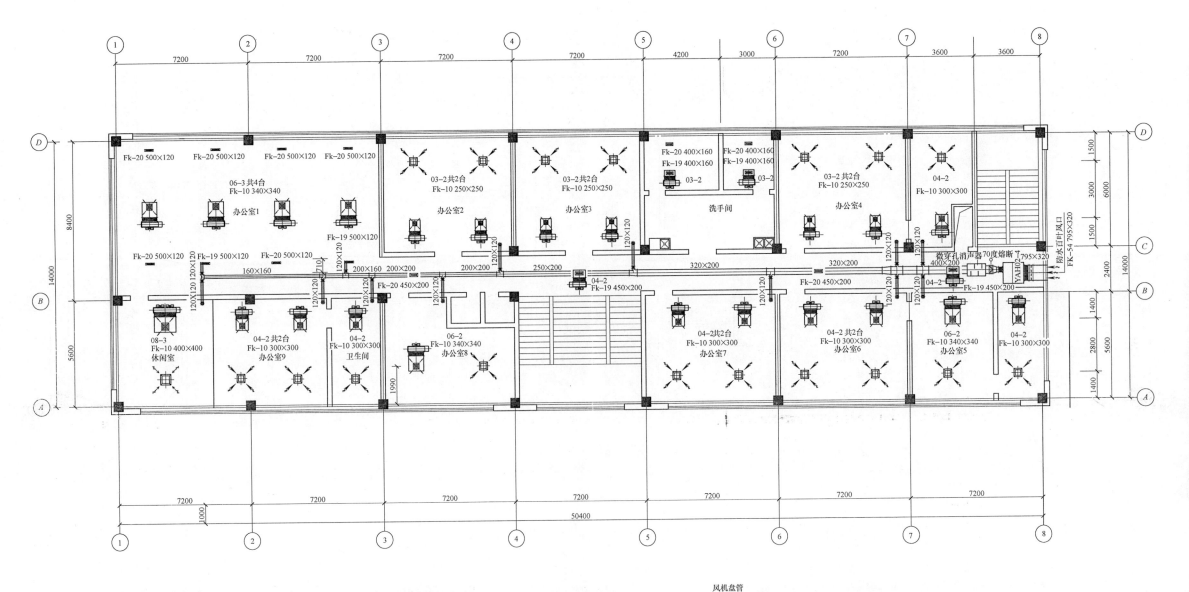

空调风系统平面图

图 4-13　空调风系统平面图

说明:

1. 未标注新风送风口类型及尺寸均为 FK-19 120×120。
2. 风管为镀锌钢板，法兰联接。厚度参见规范要求。
3. 风管保温为橡塑保温板，难燃B1级。保温厚度为25mm。
4. 风管支吊架手工除轻锈，刷防锈漆两道，调和漆两道。
5. 风机和空调器进口、出口处均应设200mm长的帆布软接头，其接口应牢固，严密不漏。

新风机组、风机盘管出风口规格

名称	型号	出风口尺寸
新风机组	YAH02-4	258×246
风机盘管	03-2	585×130
风机盘管	04-2	665×130
风机盘管	06-2	825×130
风机盘管	06-3	825×130
风机盘管	08-3	1205×130

钢板风管板材厚度

类属 风管直径D 或长边尺寸 b	矩形风管中 、低压系统
D(b)≤320	0.5
320<D(b)≤630	0.6
630<D(b)≤1000	0.75
1000<D(b)≤2000	1.0
2000<D(b)≤4000	1.2

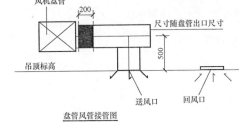

盘管风管接管图

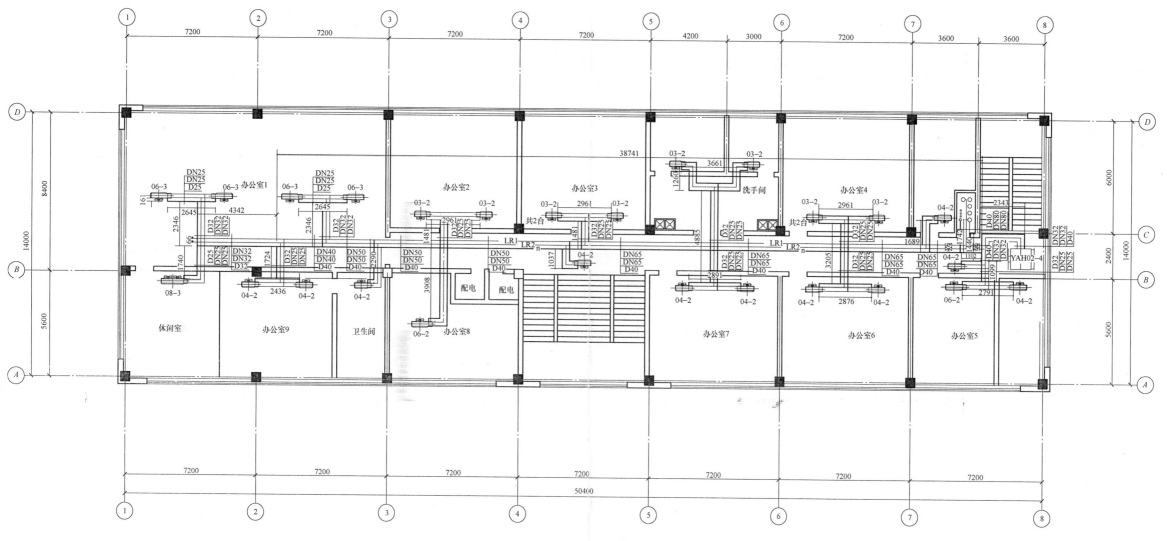

说明:

1. 冷冻水系统管材采用碳素钢管, $DN \leqslant 150$时采用焊接钢管。$DN \leqslant 32$丝接, $DN > 32$焊接。
2. 凝结水管采用刚性绝缘材料平导管（UPVC塑料管），粘接，且安装坡度不小于1%，排向泄水点。
3. 冷冻水管保温为橡塑保温管(板)，难燃B1级。$DN \leqslant 50$保温厚度为25mm; $50 < DN \leqslant 150$保温厚度为30mm。
4. 凝结水管保温为橡塑保温管，难燃B1级。保温厚度为10mm。
5. 冷冻水管手工除轻锈，刷防锈漆两道。
6. 水管支吊架手工除轻锈，刷防锈漆两道，调和漆两道。
7. 设计图中未标注的支管管径为: 冷/热媒管为DN20; 凝结水管为D25。

8. 风机盘管供回水支管各设铜质球阀、金属软接一个; 凝结水管设塑料软接一个。支管接设备各返0.5m。
9. 新风机组供回水支管各设铜球阀、橡胶软接一个; 凝结水管设塑料软接一个。
10. 水管穿房间、楼板设钢套管。
11. 碳素钢管水管的支吊托架最大间距不应超过下表值:

公称直径	DN20~25	DN32~50	DN65~80	DN100	DN125	DN150	DN200
最大间距(m)	2.0	3.0	4.0	4.5	5.0	6.0	7.0

12. 系统末端设DN25自动排气阀（配铜球阀）

空调水系统平面图

图 4-14　空调水系统平面图